Matthias Blattmann

Sie verlassen nun die Komfortzone

Matthias Blattmann

Sie verlassen nun die Komfortzone

Schritte zum Erfolg

HERDER

FREIBURG · BASEL · WIEN

MIX
Papier aus verantwortungsvollen Quellen
FSC® C083411

www.herder.de

Satz: Carsten Klein, Torgau
Herstellung: CPI books GmbH, Leck

Printed in Germany

ISBN Print 978-3-451-60114-9
ISBN E-Book (EPUB) 978-3-451-82733-4

Inhalt

Für meine Schwester Birgit

Vorwort

Nach drei Tagen hatte ich meine Bücher gelesen. Ich saß am Strand und blickte auf die kleinen griechischen Inseln Kalimnos, Plati und Pserimos, die genau gegenüber unserem Hotelstrand lagen. Abschalten, lesen, nichts tun – das war der Plan. Doch dass mir der Lesestoff schon so früh ausging, stand nicht in meinem Urlaubsdrehbuch.

Eigentlich hatte ich nicht vor zu arbeiten, aber ich hielt das einfach nicht lange durch. Im Hinterkopf hatte ich einen Artikel für unser Branchenmagazin, der endlich mal zu Papier gebracht werden sollte. Blöd nur, dass ich gar nichts zu schreiben dabeihatte. Aufgrund der Corona-Pandemie hatte unser Hotel auch noch sämtliche Utensilien, wie Papier und Kugelschreiber, abgeräumt.

Macht nichts, dachte ich mir, es sind nur rund 700 Wörter, und das kann ich ausnahmsweise auch auf dem Handy schreiben. Eine katastrophale Fehleinschätzung. Mein Schreibtempo ist physikalisch gesehen das empirische Gegengewicht zur Lichtgeschwindigkeit. Zweiter Versuch: diktieren mit Schreibfunktion. Ich glaube, mein Handy will mich falsch verstehen. Jeder Satz möchte korrigiert werden. Aber da ich sonst nichts zu tun habe, lasse ich mich auf diesen Kompromiss ein.

Es gab keine Ablenkung, und so wurde der Text ungewollt länger und länger. Als ich das erste Mal die Anzahl der Wörter grob überschlug, lag ich bei rund 5000.

Schade, dachte ich mir, denn das Thema war noch sehr ergiebig. Alles wieder kürzen? Ich beschloss, die restlichen Ideen einfach mal weiter zu notieren. Am Ende des Urlaubs waren es knapp 50 000 Wörter.

Kann man ein Buch auf dem Handy schreiben? Ich hätte es nicht vermutet, aber Sie halten es jetzt in der Hand. Zugegeben, es ist die fünfte Version des Textes. Die Urform hätte selbst meinem Deutschlehrer in der dritten Klasse einen Schrecken versetzt.

Nun wünsche ich viel Vergnügen beim Lesen und hoffe, meine Urlaubsgedanken schenken Ihnen die eine oder andere nützliche Inspiration.

Einleitung

Wir Menschen sind die intelligentesten und mitunter produktivsten Lebewesen auf dem Planeten Erde. Wir haben unglaubliche kognitive Fähigkeiten, und bis heute ist es noch nicht einmal ansatzweise gelungen, unser Gehirn in künstlicher Form nachzuahmen.

Doch so klug wir als Lebewesen auch sind – die meisten Menschen schöpfen nur einen geringen Teil ihres Potenzials aus. Die Gründe hierfür sind vielfältig, vielschichtig und liegen teilweise im Verborgenen.

Vielleicht lässt sich unser Gehirn am besten mit einem riesigen Stausee vergleichen. Eine schier unendliche Kraft, im Zaum gehalten durch einen großen Damm. Ohne funktionierende Schleusen tritt das Wasser eines Stausees allerdings nicht aus – die Kraft kann sich nicht richtig entfalten, die potenzielle Energie wird nicht produktiv freigesetzt. Und genau hier liegt die Verbindung von unserer Intelligenz und unserer Komfortzone, oder anders ausgedrückt: von unserem eigentlichen Potenzial und dem, was wir tatsächlich daraus machen. Denn die Schleusen unseres Stausees liegen in unserem Kopf, und sie sind leider häufig geschlossen. Unsere Gedanken verpuffen, weil wir abgelenkt, mutlos, verängstigt oder unmotiviert sind. Doch es gibt viele Möglichkeiten, diesen Zustand zu ändern.

Meine Frau und ich sind sehr gegensätzlich, und dennoch verbindet uns vieles. Während ich oft mit rosaroter Brille durch die Welt laufe und gerne nur Chancen, Potenziale und verlockende Angebote sehe, analysiert meine Frau auch die Risiken, Einschränkungen und Gefahren. Natürlich gibt es in solch einer Konstellation immer reichlich Gesprächsbedarf. Wir haben es aber geschafft, daraus durchaus Vorteile zu ziehen, und so entstehen weder auf der einen noch auf der anderen Seite Extreme. Die Skepsis meiner Frau bremst immer mal wieder meinen Übermut, und meine Energie überzeugt sie für manch gewagtes Projekt.

Als Unternehmer habe ich in den vergangenen 25 Jahren einige Firmen gegründet und durfte auch den einen oder anderen Erfolg und Durchbruch dabei feiern. Ich bin Realist und weiß, dass viele verschiedene Faktoren zu diesen Erfolgen geführt haben, darunter so mancher Zufall. Die Resultate waren auch mit sehr viel Arbeit verbunden. Ebenso haben äußere Einflüsse eine Rolle gespielt. Doch welche Prozesse hatten etwas mit dem Verlassen der Komfortzone zu tun?

Ich selbst habe mir im Laufe meines Lebens Werkzeuge geschaffen, die mir helfen, unliebsame Grenzen zu überschreiten. Das war an vielen Stellen ein langwieriger, aber letztendlich hilfreicher Prozess. Heute kann ich dem Schreckgespenst »Überwindung« endlich die Stirn bieten.

Der Begriff Komfortzone ist äußerst vielschichtig und beinhaltet zahlreiche Facetten. In vielen Büchern und Essays, die ich zu diesem Thema gelesen habe, findet sich ein monothematischer Fokus. Oft werden nur ein oder zwei spezielle Details beleuchtet. Doch so einfach ist es leider nicht. Das Thema ist komplex, und für jeden Menschen greifen andere Aspekte.

Es ist und bleibt also ein spannender, oftmals auch aufreibender Prozess, dieses Thema in all seinen Ausprägungen zu beleuchten. Mit großer Neugier habe ich Anekdoten und Beispiele gesammelt, und ich kam mir dabei oftmals wie ein Schatzsucher vor. Die daraus folgenden Ergebnisse, Impulse und auch das eine oder andere (offene) Geheimnis möchte ich auf den folgenden Seiten mit Ihnen teilen. Dabei nehme ich nicht die Funktion eines Mentors ein, sondern die eines Moderators. Ich beleuchte Geschichten und Gedanken und

Sie bekommen dabei eine spannende Rolle zugeteilt: Sie gehen auf Erkundungstour. Ihr Ziel: sich selbst vielleicht ein bisschen besser kennenzulernen.

Wir sehen uns auf der Zielgeraden am Ende des Buches wieder.

P.S. Ein besonderer Dank für den Gedankenaustausch und die Gespräche gilt der Olympiasiegerin Heike Drechsler, dem Fußball-Nationalspieler Matthias Ginter und dem Olympiasieger Martin Schmitt.

Es ist schon alles gesagt, nur noch nicht von allen. Warum also weiterlesen?

Vermutlich werden Sie keine Bücher zum Thema Komfortzone finden, die Sie grundlegend zu diesem Thema überraschen können. Sie werden auch in keinem Seminar eine neue Lebensweisheit zu hören bekommen, von der die Welt noch nie zuvor erfahren hat. Wir sind quasi alle Epigonen und wärmen die wichtigen Gedanken dieser Welt immer wieder nur auf. Karl Valentin hat das mit dem folgenden Satz wunderbar zusammengefasst: »Es ist schon alles gesagt, nur noch nicht von allen.« Warum also weiterlesen?

Der Griff zu einem Buch mit diesem Titel verrät, dass Sie sich mit dem Thema Komfortzone beschäftigen wollen und vermutlich wissen, dass jeder Erfolg im Leben mit Anstrengungen verbunden ist. Ihre berechtigten und vielleicht auch drängenden Fragen können in diesem Zusammenhang lauten: Gibt es effizientere Wege, Ziele zu erreichen? Gibt es Zusammenhänge, nützliche Tricks oder ein hilfreiches Wissen, das ich noch nicht kenne oder nicht genutzt habe? Kann mir dieses Buch noch interessante Einsichten verraten?

Menschen, die sich verändern oder Angewohnheiten auf den Prüfstand stellen, haben durch eine bestimmte Quelle einen Anstoß dazu erhalten. In ihrem Gehirn hat es *Klick* gemacht. Aber wann macht es *Klick*? Die Antwort darauf lautet: Wenn Informationen so aufbereitet sind, dass Sie als Leser oder Zuhörer den Zusammenhang verstanden haben und sich ein Bild vor Ihrem geistigen Auge abgezeichnet hat. Im besten Fall wird in Ihrem Gehirn eine Emotion ausgelöst. Der sogenannte Aha-Moment.

Ein wichtiges Stichwort lautet Manipulation. Nicht im negativen Sinne, sondern als beeinflussende Kraft, um unsere inneren, schon vorhandenen Potenziale voll und ganz auszuschöpfen. Denn die eigene Komfortzone zu verlassen ist ein Kraftakt, oft verbunden mit Angst und Ungewissheit. Wer es allerdings wagt, erreicht im Leben eine vollkommen andere Ebene der Zufriedenheit und des persönlichen Erfolgs.

Dabei ist es heute im Grunde so unnötig wie noch nie zuvor, seine Komfortzone zu verlassen. Noch vor nicht allzu langer Zeit waren die meisten Menschen damit zufrieden, wenn sie täglich etwas zu essen hatten und ein halbwegs sicheres Zuhause. Ihre Komfortzone mussten sie im Laufe ihres Lebens gezwungenermaßen immer wieder verlassen. Manche taten das mehr oder weniger freiwillig, in der Hoffnung auf ein besseres Leben, andere wurden durch Krieg und Hunger dazu gezwungen.

In Deutschland kennen wir diese Zwänge heutzutage nur noch in seltenen Ausnahmefällen. Wir verfügen über ein ganzes Arsenal an Annehmlichkeiten und haben durch das Internet Zugriff auf das Wissen der Welt. Für uns ist das selbstverständlich. Noch schlimmer, viele interessiert es nicht oder sie wissen es gar nicht richtig zu nutzen.

Wer sich etwas anstrengt, kann kostenlos Fremdsprachen lernen, kann lernen, Musikinstrumente zu spielen, Fünf-Gänge-Menüs zu kochen und vieles andere mehr. Ganze Studiengänge sind gratis im Netz verfügbar. Die gute alte Langeweile stirbt einen schnellen Tod, denn wir können jeden Moment im Leben mit Aktivität füllen. Und jeder hat dabei die Freiheit, dies mehr oder weniger sinnvoll zu gestalten. Während die einen beim Warten am Flughafen oder im Zug Vokabeln auf einer Sprach-App lernen oder online noch etwas arbeiten, lassen sich die anderen von einem Streamingdienst berieseln.

Kurz: Die einen verlassen regelmäßig ihre Komfortzone, obwohl sie das gar nicht mehr müssten. Die anderen haben es sich im Luxus unserer Zeit bequem gemacht.

Es gibt zu diesem Thema eine Vielzahl interessanter Fakten. Einige werden Sie mit Sicherheit kennen. Aber oftmals bringen erst die Zusammenhänge eine Fülle ungeahnter Einblicke, ja sogar ein mentaler Quantensprung ist möglich. Unser bewusst denkendes Ich lässt es in vielen Fällen gar nicht zu, die Tiefe des Themas zu begreifen. Das Grundrauschen des Alltags überlagert unser Denken. Leise Stimmen im Hintergrund verraten uns viel über uns selbst und unsere Gemütslage. Doch unsere inneren Antennen brauchen hierzu ruhige Momente und die richtige Frequenz der Erkenntnis.

Ich möchte Ihnen einen Überblick über das Thema geben und Ihnen mehrere Methoden vorstellen, die sich als äußerst effizient und erfolgreich herausgestellt haben. Dabei geht es vor allem um das Wie. Jeder Mensch könnte theoretisch seine Komfortzone verlassen. Jeder Mensch könnte auch eine Hochspannungsleitung anfassen oder gegen einen Braunbären kämpfen. Die Frage ist eben nur, unter welchen Bedingungen oder mit welcher Ausrüstung. Sie sollten jedenfalls die Bedingungen und Ihre Ausrüstung kennen bzw. kennenlernen.

Unterschied zwischen effektiv und effizient

Über einen wichtigen Unterschied sollten Sie sich vorab im Klaren sein: den zwischen effektiv und effizient. Wir verwenden beide Begriffe im Alltag oftmals synonym. Die Wirkung bzw. die Bedeutung in der Aussage kann aber unter Umständen gravierend sein. Hierzu eine kleine Geschichte:

Stellen Sie sich vor, Sie werden zu einem großen Galadinner in die Wiener Hofburg eingeladen. Das Haus ist üppig dekoriert, der rote Teppich auf den Stufen lädt dazu ein, wie ein König durch die Säle zu stolzieren. Große, bunte Blumenbouquets säumen die Treppenabsätze. Alle Gäste sind schick gekleidet, und es gibt erlesene Speisen und Getränke. Bekannte Persönlichkeiten aus Politik, Sport und Unterhaltung geben sich die Klinke in die Hand.

Ein Orchester spielt auf, und die Anwesenden fangen an, zu den Klängen von Johann Strauss Walzer zu tanzen. Während sich die Gäste in Sicherheit wiegen und ausgelassen feiern, bricht plötzlich ein Feuer an Ihrem Tisch aus. Panische Schreie unterbrechen die Klänge der Musiker, die Gäste rennen wie wild umher und wissen sich nicht zu helfen. Sie aber reagieren blitzschnell, schnappen sich die große Champagnerflasche von Armand de Brignac Brut Gold Methuselah und gießen den Inhalt von sechs Litern auf die züngelnden Flammen. Nach wenigen Sekunden haben Sie das Feuer heldenhaft erstickt. Kostenpunkt: schlappe 8000 Euro. Das ist effektiv. Sie hätten allerdings auch das Wasser aus dem Champagnerkühler nehmen können. Das wäre dann effizient gewesen.

Diese zwei sich ähnelnden Begriffe können im Zweifel also ganz unterschiedliche Bedeutungen haben. Warum Sie die Differenzierung kennen sollten, möchte ich Ihnen im Laufe dieses Buches noch näher erläutern.

Ein Leben voller Möglichkeiten

Das Leben steckt voller Möglichkeiten, Chancen und aufregender Momente. Eigentlich wissen wir das oder vermuten es zumindest. Die passenden Bilder haben wir jedenfalls vor Augen.

Das Verrückte daran ist, dass unsere Vorstellungskraft heute größer ist als je zuvor. Die Bilderflut aus dem Internet hat unseren Horizont immens erweitert, und dieses Buch würde nicht ausreichen, um zu beschreiben, was wir uns heutzutage erträumen können. Nehmen wir mal nur ein einziges Beispiel heraus: unser Essen. Die zwanzig wohlschmeckenden Eisvarianten vom Italiener an der Ecke, die fünfunddreißig leckeren Chipssorten aus dem Supermarkt, die zwölf außergewöhnlichen Schokoladen, der besondere Cappuccino aus dem Urlaub, die unzähligen Weinsorten – zählen Sie selbst auf, welche Köstlichkeiten Sie schon einmal verzehrt haben und wovon Sie ins Schwärmen geraten.

Nun setzen wir zu einem weiten Sprung an. Welche großen Träume können Sie erspinnen? Eine Weltreise? Ein eigenes Haus? Ein aufregendes Liebesleben? Sich von anstrengenden Bekanntschaften lösen? Eine erfüllende Arbeit, auf die Sie sich jeden Tag aufs Neue freuen? Sich selbstständig machen? Die allermeisten Menschen haben mindestens einen größeren Traum. Trotzdem sitzen viele ihr Leben ab, als befänden sie sich in einem Wartezimmer. Tag für Tag vergeht und es passiert: nichts. Scheinbar unsichtbare Kräfte halten sie davon ab.

Millionen Menschen träumen davon, erfolgreiche Musiker, Geschäftsleute, Programmierer, Wissenschaftler oder Sportler zu werden und erreichen doch ihr Ziel nicht. Aber auch kleinere Vorhaben wie der Umzug in eine geeignetere Wohnung oder das Erlernen einer neuen Fertigkeit bleiben auf der Strecke. Die meisten bringen einfach nicht die Kraft auf, sich auf den Weg zu machen. Darum sind zwei Fragen essenziell.

Erstens: Was hält uns auf?

Und zweitens: Was treibt uns an?

Beide Fragen werde ich auf den folgenden Seiten mit einigen Beispielen behandeln.

Die Komfortzone – was ist das überhaupt?

Mit dem Begriff Komfortzone verbinden Menschen sehr unterschiedliche Gefühle. Es ist für mich immer wieder erstaunlich zu sehen, wie groß die Spannweite für die Interpretation von Begrifflichkeiten ist (im Prinzip die Wurzel zahlreicher Missverständnisse).

Das Wort Komfort wurde im Deutschen aus dem Englischen (comfort) übernommen. Der Begriff steht für Bequemlichkeit oder Behaglichkeit. Wir bringen Komfort besonders mit hochwertigen Hotels, Reisen oder Autos in Verbindung. In der Alltagssprache begegnet uns auch oft der Begriff Wohlfühlzone, der sich aber noch intensiver auf menschliche und weniger auf materielle Komponenten bezieht.

Für die einen klingt Komfortzone somit ganz klar nach Schutz und Geborgenheit. Eine Wohlfühlzone, sozusagen eine Art mentale Behausung. Diese mentale Behausung ist vergleichbar mit jenem Platz in Ihrer Wohnung, an dem Sie viel Zeit verbringen, weil Sie sich dort wohlfühlen und es dort so wunderbar gemütlich ist. Und es ist gut, dass wir diese Wohlfühlzonen haben, egal ob mental oder physisch. Denn auch wenn sich das Buch mit dem Thema »Verlassen der Komfortzone« beschäftigt – wir alle brauchen Komfortzonen. Sie sind wichtig, um Ruhe und Kraft zu tanken. Genau wie Ihren Lieblingsplatz in der Wohnung brauchen Sie auch gedankliche Komfortzonen. Permanente Herausforderungen wären zu kraftraubend und kontraproduktiv. Darum ist es wichtig, eine gute Balance zwischen Anstrengungen und Ruhephasen zu finden, denn nur so können wir die Eindrücke des Tages verarbeiten und aus ihnen lernen.

Für andere schwingt bei dem Wort Komfortzone eine Aufforderung mit: »Beweg dich endlich und werde aktiv!« Bei diesen Menschen ist der Begriff eher negativ besetzt, begleitet von Assoziationen wie Faulheit oder Angst vor Veränderungen.

Egal, wie Sie den Begriff für sich interpretieren – es ist unmöglich, nur zwischen schwarz und weiß zu unterscheiden oder auf Ideologien zu pochen. Es wird Menschen geben, die ihre Komfortzone nie wirklich verlassen und sich dabei gut fühlen. Sie sind ausgeglichen und ein Leben lang zufrieden. Andere wiederum kreisen in einer Abwärtsspirale Richtung Depression und müssen ausbrechen. Dazwischen gibt es eine Bandbreite, die alle Formen in jeder denkbaren Schattierung spiegelt.

Sie gehören vielleicht zu denen, für die das Wort Komfortzone negativ besetzt ist. Denn wenn Sie nicht gerade einer meiner Lektoren sind, dann haben Sie vermutlich zu diesem Buch gegriffen, weil Ihnen eine innere Stimme immer wieder ins Ohr flüstert: »Mach endlich was!«

Dieses Buch wird Ihnen in dieser Hinsicht viele Denkanstöße bieten. Trotzdem sollten Sie sich nicht fremdbestimmen lassen. Die vermutlich wichtigste Frage, die Sie für sich klären sollten, lautet: Gibt es Dinge in Ihrem Leben, die Sie – und nur Sie – stören? Und wenn ja, können Sie diese offen und ehrlich benennen, vielleicht sogar schriftlich festhalten? Ein Buch hat gegenüber einem Gesprächspartner oder einer Gruppe einen großen Vorteil, wenn Sie ihn zu nutzen wissen: Sie sind mit sich alleine. Sie können auch unangenehme Dinge zugeben. Denn die einzige Person, die sie zu hören bekommt, sind nur Sie selbst.

Sich im Klaren darüber zu sein, was Sie fühlen und tief in Ihrem Inneren denken, ist der erste und wichtigste Schritt, um eine Veränderung auszulösen. Denn ein klassischer menschlicher Denkfehler besteht darin, dass wir immer wieder vergessen, dass Gefühle, Eindrücke und Wahrnehmungen subjektiv sind. Noch kurioser – es ist uns sogar bewusst! Sie werden nur wenige Menschen finden, die diese Aussage infrage stellen.

Und trotzdem sind wir nicht in der Lage, diese Einsicht in unserem Denken zu verankern. Wir können uns noch so sehr bemühen. Reflexartig schießen uns Gedanken durch den Kopf wie: »Mach doch einfach!«, »Was stellt die sich jetzt wieder so an!«, »Jetzt fahr doch einfach los!« oder der Klassiker: »Warum gibt der den Ball nicht ab?«

Der Mensch ist ein Individuum, welches aus sehr komplexen Strukturen besteht. Was für mich ein Leichtes ist, kann für andere eine unüberwindbare Hürde sein. Und deshalb ist die Definition einer Komfortzone nur schwer festzulegen. Als würden unsichtbare Kräfte einwirken, können Menschen manchmal eine scheinbar leichte Barriere nicht überwinden. Sich allein dieser Information bewusst zu sein, bringt Ihnen im Leben eine Menge erleuchtender Momente. Sei es bei der Kindererziehung, im Beruf oder im Alltag.

Urteilen Sie also nicht übereifrig schnell, sondern stellen Sie sich eine weitere wichtige Frage. Und die lautet: Warum? Und selbst wenn Sie die Antwort darauf erhalten und sogar in Details eingeweiht werden, wird es immer noch Gründe geben, die im Verborgenen liegen. Sogar die Betroffenen können darauf keine Antworten geben, da ihr eigenes Unterbewusstsein große Teile ihrer Beweggründe steuert. Das ist auch nichts Abnormales, ganz im Gegenteil. Es ist in uns allen tief verankert.

Die vier Level der Komfortzone

Komfortzonen sollte man in verschiedene Level unterteilen, denn es gibt große Unterschiede in ihrer Bedeutung:

Level eins: Hier sehe ich Handlungen wie einmal kalt duschen oder aufräumen, obwohl ich müde bin. Es kostet ein wenig Überwindung, ist aber zu schaffen. Das sind Vorhaben, die ich oftmals mit mir selbst ausmache. Sollte ich es nicht zu Ende bringen, bekommt das niemand mit. Und wenn es jemand mitbekommt, ist der Druck nicht besonders hoch. Auch die erforderliche Energie, die ich aufbringen muss, hält sich in Grenzen.

Achtung: Schon hier handelt es sich nur um ein allgemeines Beispiel, welches für die meisten, aber nicht alle Menschen zutrifft. Für Personen, die unter einem Messie-Syndrom leiden, ist das Projekt »Aufräumen« schon eine kaum überwindbare Hürde.

In *Level zwei* geht es um etwas größere Vorhaben, die unangenehm sind und die vielleicht schon mehrere Tage in Anspruch nehmen. Klassische Beispiele sind etwa die Steuererklärung, das Ausfüllen komplizierter Anträge, die Wohnung streichen. Hier beginnt zum Teil das Scheitern vor den Augen anderer.

Ab *Level drei* erleiden die meisten Menschen Schiffbruch. Hier geht es um große Überwindung und langfristige Ziele. Dazu zählen eine dauerhafte Ernährungsumstellung inkl. Sport, um beispielsweise zehn, zwanzig oder noch mehr Kilo abzunehmen und das Gewicht langfristig zu halten. Laut wissenschaftlichen Studien gelingt es weniger als zehn Prozent aller Menschen, mit einer Diät dauerhaft abzunehmen und das Gewicht zu halten. Zu Level drei zähle ich beispielsweise auch das Aufarbeiten der eigenen Schüchternheit inkl. Teilnahme an einem Rhetorikkurs, um anschließend vor größerem Publikum zu sprechen. Oder auch ein Instrument oder eine Sprache lernen.

In allen Beispielen dieses Levels kämpfen wir gegen mächtige Gegner wie Hungergefühle oder gegen die Blamage, die uns in Gegenwart vieler Außenstehender droht. Die Fallhöhe nimmt deutlich zu. Der Energiebedarf ist gigantisch. Ich muss ständig gegen mein Gehirn kämpfen, welches mir sagt: »Ist das wirklich die Energie wert, die du hier verpulverst? Was hast du denn überhaupt davon? Dir geht es doch ganz gut! Die anderen sind doch auch nicht besser als du! Ist das vielleicht sogar schädlich?«

Level vier sind grundlegende und lebenseinschneidende Veränderungen. Darunter fallen Handlungen wie den gut bezahlten Arbeitsplatz nach zwanzig Jahren zu verlassen, um sich selbstständig zu machen. Eine Trennung, weil die Situation keine positive Zukunft mehr zulässt, z. B. bei Gewalt in der Ehe, oder die Flucht in ein anderes Land. Der Trigger muss enorm groß sein, um sich solch einer Herausforderung zu stellen.

Was hält mich auf?

Aber ich möchte noch einmal betonen: Komfortzonen sind ein wichtiger Bestandteil unseres Lebens. In einer Welt von immer höher, schneller und weiter dreht jeder Mensch irgendwann am Rad, wenn er permanent seine Grenzen überwinden muss.

Ruhe- oder Komfortzonen sind nützlich und wichtig, um über das Leben, den Alltag, unsere Familienangelegenheiten oder die Arbeit nachzudenken. Auch wenn es für manche Menschen ein wenig esoterisch klingt – die Prinzipien von Yin und Yang beinhalten mehr Wahrheiten, als uns vielleicht im ersten Moment bewusst ist. Dieses Buch ist nicht die permanente Aufforderung, Ihre Komfortzone zu verlassen. Es geht um eine Balance im Leben. Wie heißt es so schön: Wachstum beginnt erst außerhalb der Komfortzone. Und diesem sprichwörtlichen Motto stimme ich mit großer Überzeugung zu. Aber wir sollten Erfolge dann auch in Ruhe und in unserer Komfortzone feiern dürfen.

Wenn Sie den Wunsch haben, Ihre Komfortzone zu verlassen, dann sollten Sie auf die Frage »Was hält mich auf?« eine Antwort finden. Niemand kann ein Problem lösen, das nicht greifbar ist.

Die innere Stimme, die uns mit der Aufforderung »Eigentlich sollte ich mal …« in den Ohren liegt, fühlen viele, wenn nicht sogar alle Menschen. Wir sehen eine Aufgabe oder ein Problem. Wir hören förmlich die Aufforderung: »Los, erledige mich!« Für manche Menschen ist es einfach. Sie gehen los und tun, was zu tun ist. Doch in vielen Fällen ist es nicht so. Wir zögern, hadern, überlegen oder schieben von uns weg. Der Fachausdruck hierfür lautet prokrastinieren. Die spannende Frage ist natürlich: Was hindert mich daran, loszulegen?

Ich bin der Frage nachgegangen und habe unzählige Antworten erhalten. In den folgenden Abschnitten habe ich diese gegliedert und verschiedenen Aspekten zugeordnet.

Angst

Angst ist ein genetisch verankertes Reaktionsmuster. Der Mensch ist mit einem ganzen Arsenal verschiedener Ängste ausgestattet. Wie Sie vermutlich wissen, ist das auch gut so, denn sonst würden wir kopflos in zahlreiche Gefahren hineinlaufen. Ängste sind vor allem im Unterbewusstsein verankert, und es ist mühsam, sich seiner Ängste bewusst zu werden. Doch beim Verlassen der Komfortzone spielen Ängste oftmals eine entscheidende Rolle. Darum betrachten wir einmal genauer, in welcher Form sie hierbei auftreten.

Unser Gehirn wurde zu 99 Prozent in jener Zeit geprägt, als wir noch in Höhlen, Wäldern und auf Wiesen lebten. Jede Überanstrengung konnte den sicheren Tod bedeuten, denn es war nicht vorhersehbar, wann wir die nächste Nahrungsquelle aufspüren würden. Darum bläut uns unser Gehirn auch heute noch fortwährend ein: »Muss diese Anstrengung sein? Wenn wir uns verausgaben und nichts zu essen finden, dann werden wir sterben!« Es ist die *Angst vor Überanstrengung*. Schaffe ich das, oder überfordere ich mich hierbei? Diese im Laufe der Evolution geprägte und im Unterbewusstsein lauernde Angst tritt auf, wenn wir hart trainieren, viel Aufwand für eine Arbeit aufwenden oder abnehmen wollen.

Diese Angst kann überwunden werden, wenn ich weiß, dass dieses Ur-Programm in meinem Kopf existiert. Dann ist es möglich, rational und bewusst zu entscheiden, dass diese Art von Angst unberechtigt ist. Wir können nämlich jederzeit in den nächstgelegenen

Supermarkt rennen und locker ein paar hunderttausend Kalorien in unseren Höhlen bunkern.

Eine andere Angst kann uns komplett lähmen. Es ist die *Angst vor Zurückweisung*. Wer spricht denn schon unbekümmert einen attraktiven oder interessanten Menschen an, den er nicht kennt und nicht einschätzen kann? Wer sagt seinem Partner, Freund oder Vorgesetzten ehrlich die Meinung? Die häufigste Frage ist in diesem Zusammenhang: »Was wird er oder sie von mir denken?« Manche Menschen sind so gehemmt, dass sie sich diese Frage dutzende Male pro Tag stellen. Was denkt der Chef von mir, was denken die Nachbarn von mir, was denkt meine Familie von mir usw.?

Wer solche Muster verinnerlicht hat, wirkt auf andere befangen, schüchtern und manchmal sogar arrogant. Das Vermeiden von Fehlern hat dann oberste Priorität und bestimmt viele alltägliche Handlungen. Diese Ur-Angst ist eine unfassbar hohe Hürde. Doch woher kommt diese Angst? Sie ist vermutlich antrainiert und entwickelt sich im Kindesalter. Eltern vermitteln ihren Kindern unbewusst oder bewusst: »Wenn du brav bist und machst, was wir sagen, dann finden wir das toll und haben dich besonders lieb.«

Kinder ringen um diese Gunst der Eltern, denn sie sind zu 100 Prozent abhängig von ihnen. Gehen wir noch einmal zurück in die Steinzeit. Stellen Sie sich vor, was passiert ist, wenn sich Eltern von ihren Kindern abgewandt haben. Zurückweisung war quasi das Todesurteil für den Nachwuchs. Diese genetische Verankerung können wir nicht so leicht abschütteln. Auch wenn wir erwachsen werden, schlummert in uns immer noch das kleine Kind. Und auch als Erwachsene versuchen wir uns deshalb anzupassen und brav zu sein, damit uns die anderen akzeptieren.

Wenn Sie darunter leiden und aus diesem Teufelskreis ausbrechen wollen, müssen Sie nur einen einzigen Menschen überzeugen, akzeptieren und lieben – sich selbst. Und zwar genau in dieser Reihenfolge. Das Bibelzitat »Du sollst deinen Nächsten lieben wie dich selbst« ist nicht nur auf Ihren Nächsten bezogen. Es ist auch der erste Schritt auf einem langen, vermutlich anstrengenden Weg zu mehr Selbstvertrauen.

Die *Angst vor Versagen* hält uns ebenfalls oft zurück. Hier gibt es unterschiedliche Formen. Die harmlose Variante gleicht quasi einem Monolog, den wir mit uns selber führen. »Wenn ich dieses und jenes mache und es klappt nicht, dann lachen mich die anderen vielleicht aus. Ich glaube, ich lass das lieber, so schlecht geht es mir in meiner Komfortzone ja auch wieder nicht.« Die harte Variante ist mit hohem Druck von außen verbunden. Beispielsweise wenn wir in eine Situation geraten, in die auch Außenstehende involviert sind. Hier können wir nicht verheimlichen, was wir vorhaben, und es besteht die Möglichkeit, dass wir mit unserem Vorhaben scheitern. Zum Beispiel in einer Prüfung oder während einer Präsentation. Wenn solche Prüfungssituationen anstehen oder etwa eine besondere Leistung erwartet wird, können viele Menschen nachts nicht schlafen und fangen zu stottern oder zu schwitzen an.

Der Fachausdruck lautet: Atychiphobie, die »Angst vor Unfällen«. Tychos steht für »Unfall«, Phobos für die »Furcht«.

Solche Ängste sind vermutlich größtenteils anerzogen, sei es durch die Eltern oder durch das soziale Umfeld. Applaus erhält man ja nur bei Erfolg und nicht bei Versagen. Das brennt sich tief in unsere Seele ein.

Auch die Angst vor Versagen wurde in prähistorischer Zeit geprägt. Die Akzeptanz in der Gruppe war überlebenswichtig. Akzeptiert wurde im Stamm nur derjenige, der sich als fähig erwies, sei es beim Jagen, Sammeln oder im Kampf. Ohne die Gruppe war es quasi unmöglich zu überleben. Wer verstoßen wurde, war verloren.

Interessanterweise bestehen heutzutage in Bezug auf die Akzeptanz eigener Fehler länderspezifische Unterschiede. Von Basketball-Legende Michael Jordan stammt das hinreichend bekannte Zitat: »Ich habe in meiner Karriere mehr als 9000 Würfe verfehlt und fast

300 Spiele verloren. 26 Mal wurde mir der spielentscheidende Wurf anvertraut und ich habe nicht getroffen. Ich habe immer und immer wieder versagt in meinem Leben. Deshalb bin ich so erfolgreich.«

Hier fand eine Entwicklung auf der Metaebene statt, denn es wurden jahrtausendealte Denkmuster überdacht und schlussendlich neu definiert. Warum? Unsere Resultate verbessern sich, wenn wir Fehler machen.

Der französische Schauspieler Alain Delon gab im Film »Le samouraï« einen der berühmtesten Sätze der Filmgeschichte von sich. Er spielt darin einen Profikiller, wortkarg und gefühlskalt. Als es um die Verabredung zum Pokern geht, meint ein Mitspieler zu ihm, er solle nicht vergessen, Geld mitzubringen. Seine Antwort war prägnant und tiefgründig: »Je ne perds jamais, jamais vraiment.« Ins Deutsche übersetzt: »Ich verliere niemals, niemals wirklich«.

Und genau so ist es. Wir gewinnen immer, und zwar an Erfahrung. Diese Erkenntnis reift oftmals erst ab Mitte dreißig. Doch so alt wurden die Menschen früher meist gar nicht. Und noch viel schlimmer: Ein Fehler im Kampf mit Mammuts oder einem Säbelzahntiger wurde sofort mit dem Tode bestraft.

Eine interessante Beobachtung ist folgende: Als Kind kennen wir diese Angst noch nicht. Jedes Kind ist sicher unzählige Male ziemlich schmerzhaft gestürzt, bevor es laufen gelernt hat. Und weit über 1000 Mal dürfte aus jedem Kindermund ein grammatikalisches Wirrwarr geschossen sein. Ich erinnere mich, dass mein Sohn beim Schaukeln mich mit folgendem Satz anfeuerte: »Und jetzt gib voll Abgas!« Ich musste natürlich herzhaft lachen.

Doch hat deswegen je ein Kleinkind aufgehört, laufen und sprechen zu lernen? Irgendwo zwischen dem frühkindlichen und dem heutigen Ich erlernen Menschen diese Angst vor Versagen. Und welche Gegenmittel gibt es nun?

Zunächst sollten wir uns bewusst machen, wann und wo uns ein Fehler unterlaufen ist. Behauptet das nur irgendwer aus unserem Umfeld, oder ist es eine Tatsache? Ich mache sehr viele Fehler. Warum? Weil ich viel handle. Mein Motto: Wo gehobelt wird, da fallen Späne. Wenn ich mir unsicher bin, ob mir jemand einfach unterstellt, etwas falsch gemacht zu haben, dann frage ich weitere Personen, ob sie das ebenfalls so sehen. Wenn ein halbes Dutzend aller Befragten schließlich sagt: »Blattmann, da hast du aber einen Bock geschossen«, dann wird es vermutlich so sein.

Der zweite wichtige Schritt ist, zu akzeptieren, wenn wir einen Fehler gemacht haben, und nicht die Zeit damit zu verschwenden, händeringend nach Ausreden zu suchen. Kein Mensch ist perfekt. Ich sage zu meinem inneren Ich: Dieser Fehler ist eine Erkenntnis und bedeutet Wissenszuwachs. Also lassen Sie sich von Niederlagen nicht aufhalten. Es gibt eine wunderbare Methode, sich im Kopf neu zu programmieren. Es ist ein psychologischer Trick, den nicht nur Politiker anwenden. Der Trick ist simpel und funktioniert seit Jahrtausenden. Er lautet: Sammle deine Erfolge. Dabei kommt es nicht darauf an, ob es sich um große oder kleine Erfolge handelt. Es muss nur etwas Positives sein. Handlungen aus dem Alltag, die Sie für sich als Erfolg verbuchen können. Zum Beispiel fünfzehn Minuten Krafttraining absolvieren, endlich den Sperrmüll entsorgen, die Präsentation fertigstellen, zwei Kunden glücklich machen, Zeit mit den Kindern verbringen, Bad streichen, zwanzig Vokabeln lernen, meiner Mutter Blumen bringen usw.

Eine weit verbreitete Anekdote aus den USA wird wie folgt überliefert: Ein Angestellter von Henry Ford hatte durch eine Fehlentscheidung einen Schaden in siebenstelliger Höhe verursacht. Er wurde daraufhin ins Chefbüro zitiert. Er schämte sich und sagte sofort beim Betreten des Raums: »Ich habe einen großen Fehler gemacht und übernehme die volle Verantwortung. Ich verstehe nur allzu gut, dass Sie mich hierfür feuern.« Daraufhin antwortete Henry Ford: »Feuern? Sind Sie verrückt? Ich habe gerade eine Million Dollar in Sie investiert!« Diese Art zu denken liegt uns Deutschen nicht, obwohl wir in unserem Sprachgebrauch den Ausdruck »aus Fehlern lernen« oft und gerne verwenden.

Schlafen Sie nicht mit den Sorgen oder Fehlern ein, sondern mit den kleinen Erfolgen, die es jeden Tag gibt oder die Sie jeden Tag problemlos erzeugen können. Ein Tipp: Anderen Menschen eine Freude machen ist sehr einfach und darf immer als Erfolg verbucht werden!

Resultierend aus den zuvor genannten Beispielen gibt es noch weitere Muster, die im Endeffekt auf das gleiche Problem hinauslaufen. Selbstständige und Leistungssportler kennen die *Angst vor Verletzungen.* Sie verhindert, dass wir Grenzen überschreiten. Manchmal ist aber gerade das notwendig, um ein besonderes Ziel zu erreichen. Beim Reitsport gibt es die Angst vor Stürzen. Dann sagt eine innere Stimme: »Wenn das passiert, dann laufe ich Gefahr, meine Ziele zu verfehlen oder zu versagen oder vom Trainer zurückgewiesen zu werden!«

Nimmt diese Angst im Kopf zu viel Platz ein, dann scheitern selbst hochbegabte Talente beim Versuch, an die Weltspitze vorzudringen. Genauer betrachtet ist diese Angst jedoch eigentlich angebracht, denn sie schützt in manchen Situationen auch unser Leben.

Im Motorsport, beim Fallschirmspringen, bei alpinen Skirennen und anderen Hochrisiko-Sportarten muss man fast schon ein bisschen wahnsinnig sein, um mitzuhalten. Der gesunde Menschenverstand, inklusive des gesunden Angstpotenzials, muss ausgeschaltet werden. Ob das erstrebenswert ist oder nicht, muss jeder für sich selbst entscheiden. Weiter hinten im Buch beschreibt unter anderem Olympiasieger Martin Schmitt, wie er beim Skispringen mit seinen Ängsten umgegangen ist.

Eine der bekanntesten Phobien ist die *Angst vor Veränderungen.* Warum ist das so? Unser Verlangen nach Sicherheit und Vertrautheit ist uns angeboren. Denn das Gefühl, sicher zu sein, spart viel Energie, und das ist unserem Gehirn besonders wichtig. Ist ihre Not nicht allzu groß, dann akzeptieren viele Menschen sogar einen unglücklichen

Umstand, denn immerhin kann unbekanntes Terrain zu betreten bedeuten, vielleicht zu scheitern oder viel Energie zu investieren.

Auch hier gibt es wiederum verschiedene Möglichkeiten, die jeder für sich individuell testen muss, um zu sehen, was letztendlich hilft. Veränderungen passieren ständig und sind Teil unseres Lebens. Für manche Veränderung entscheiden wir uns bewusst, andere werden uns übergestülpt, ohne dass wir sie wollen. Angst entsteht natürlich vor allem dann, wenn die unfreiwillige Variante ins Leben tritt. In diesem Fall hilft uns die Art und Weise, wie wir Veränderungen aufnehmen. Soll ich mir permanent all die schlechten Dinge vor Augen führen, oder fokussiere ich mich ausschließlich auf die positiven Aspekte und die damit verbundenen Chancen?

Der Fahrlehrer und Unternehmer Mike Fischer wurde in solch eine Situation gezwungen und hat hierüber ein sehr interessantes Buch geschrieben. Der Titel lautet: *Erfolg hat, wer Regeln bricht*. Was ist ihm widerfahren? Nach einer Infektion lag er zunächst im Koma, später folgte ein langer Krankenhausaufenthalt mit Reha. Sein langes Fehlen als Chef hatte in einigen seiner Mitarbeiter zuvor ungekannte Kräfte geweckt. Aufgaben, die bisher ihm alleine vorbehalten waren, wurden verteilt, manches neu entwickelt. Es entstand ein neues Teamgefühl, ein »Wir müssen die Stellung halten!«.

Als er zurückkehrte, wurde er quasi nicht mehr gebraucht. Doch Mike Fischer kam sich nicht nutzlos vor, er war auch nicht verzweifelt. Er war glücklich. Er sah die neu entfalteten Kräfte, die unheimliche Motivation der Mitarbeiter. Und in seinem Kopf prägte sich sein neuer Lebenssinn: »Ich arbeite ab jetzt nicht mehr *im* Unternehmen, ich arbeite ab jetzt *am* Unternehmen.« In den Folgejahren wurde seine Firma erfolgreicher denn je. Die Umsätze vervielfachten sich, und Mike Fischer gründete sogar weitere Unternehmen.

Unter den Top Ten der Ängste ist auch die *Angst vor Verlusten* zu finden. Diese ist sehr vielschichtig. Wenn es um das Verlassen der Komfortzone geht, kann sie ein starker Gegner sein.

Es gibt in der Entscheidungspsychologie eine ganze Reihe von Experimenten, die zeigen, dass Verluste mehr schmerzen, als Gewinne uns erfreuen. Die Psychologen Daniel Kahneman und Amos Tversky haben dies mit zahlreichen Experimenten nachgewiesen.

Sie kennen das Phänomen sicherlich auch. Sie besitzen einen Edelstahlkochtopf, der seinerzeit 100 Euro gekostet und Ihnen viele Jahre treue Dienste geleistet hat. Nun wollen Sie ihn auf einem Flohmarkt verkaufen. Weil der Topf so gut wie gar keine Gebrauchsspuren aufweist, setzen Sie selbst fünfzig Euro an. Sie sagen sich: »Das Ding ist ja so gut wie neu, und fünfzig Prozent Rabatt auf einen neuen Topf sind unschlagbar!« Doch die Interessenten sehen das ganz anders und nennen Ihnen Preise zwischen zehn und zwanzig Euro. Sie sind enttäuscht. Wenn Sie aber selbst auf gebrauchte Töpfe bieten würden, dann wären Sie plötzlich derjenige, der sich sagt: »Für sechzig Euro bekomme ich den Topf vielleicht auch beim nächsten Ausverkauf und dort sogar neu und originalverpackt.« Zugegeben, das ist nur ein simples Beispiel. Aber auch so ein einfacher Vergleich kann gut verdeutlichen, wie Wunsch und Realität durch unsere Eigenwahrnehmung beeinflusst werden.

Jeder Mensch wird geprägt von seinen Erlebnissen. Traumatische Erlebnisse schlagen sich meist in unserer Seele nieder. Verlustängste manifestieren sich, wenn wir Trennungen oder das Abhandenkommen von uns nahestehenden Personen erleben. Die Klassiker sind Scheidungen, Vernachlässigung oder Todesfälle. Menschen, die solche Schicksalsschläge in frühen Jahren verkraften müssen, neigen im späteren Leben zum Klammern. Sie kleben förmlich am Job, am Partner oder an materiellen Dingen.

Letztendlich ist Angst ein chemischer Prozess in unserem Körper. Manchmal werden einfach zu viele falsche Substanzen produziert und nicht vollständig abgebaut. Und diese Substanzen wirken wie ein Gift, das sich in unserem Körper ausbreitet. Wir besitzen passende Gegengifte. Aber die werden zurückgehalten oder nur unzureichend ausgeschüttet. Es ist wie bei einer Schleuse, die sich nicht öffnet, oder es gleicht einer Produktion, bei der die passenden Teile fehlen. Doch die Forschung ist viel weiter, als viele Menschen meinen. Denn wir können diese Schleusen öffnen, und wir können die Produktion ankurbeln. Sei es mit modernen Medikamenten oder mit mentalen Werkzeugen. Niemand kann Ihnen aber den Schritt abnehmen, auf einen Arzt, Coach oder Psychologen zuzugehen.

Rein theoretisch kann jede Angst besiegt werden. Für jedes Problem gibt es Lösungen. Nur ist nicht jede Lösung zu hundert Prozent perfekt. Aber Gegenfrage: Was ist schon perfekt? Überlegen Sie für sich, ob achtzig oder neunzig Prozent nicht auch schon ausreichend wären.

Ein weiterer Aspekt, den wir oftmals unterschätzen: Kämpfen und Denken verbrauchen verhältnismäßig viel Energie. Flüchten dagegen recht wenig. Unser angeborener Erstreflex ist somit das Flüchten. Erst durch Erleben ändern wir dieses Verhalten. Wenn wir allerdings unsere Kämpfe in jungen Jahren häufig verlieren oder anstrengendes Nachdenken nicht irgendwann zum Erfolg führt, dann wird die Flucht für uns zum bequemeren Schema.

Die gute Nachricht vorweg: Die Forschung ist sich einig, dass viele Ängste erlernt, aber auch wieder verlernt werden können. Es ist sinnvoll, sich mit seinen Ängsten auseinanderzusetzen. Zu allen Themen gibt es gute Literatur, sowohl in Buchform als auch in zahlreichen Artikeln. Und es ist zum Glück auch gar nichts Besonderes mehr, Fachleute aufzusuchen und sich beraten oder gar behandeln zu lassen. Einfach ist es jedoch nicht. Eine Auseinandersetzung ist ein langwieriger und aufreibender Prozess. Jeder Mensch braucht eine individuelle Anleitung, denn wir alle sind auch in unserer Psyche so einzigartig wie unser Fingerabdruck.

Machen wir uns abschließend noch einmal bewusst: Ängste sind ein chemischer Prozess, der in unserem Gehirn abläuft. Die damit verbundenen Reaktionen lassen sich fast immer abschalten oder verändern. Es ist heute nicht mehr die Frage, ob, sondern wie es funktioniert. Ein Erfolg gelingt auch nicht immer zu hundert Prozent, sondern oft zu siebzig, achtzig oder neunzig Prozent. Aber auch das ist ein großer Durchbruch.

Angst ist ein Warnsignal, das uns auch zum Nachdenken anregt und zur Vorsicht mahnt. Wenn wir also bisher vor Panik erstarrt sind, aber nach einer Therapie nur noch eine überwindbare kleine Barriere spüren, dann blicken wir auf unser Handeln aus der Vogelperspektive. Wir sehen eventuelle Gefahren, erkennen aber auch Wege aus der jeweiligen Situation – wie in einem Labyrinth. Wenn Sie ebenerdig in den Gängen stehen, dann ist der Ausgang schwer zu finden. Blicken Sie aber von oben, dann sehen Sie viel klarer und erkennen das Muster.

Neid, Hass und Wut – ein Trio infernal?

»Auf die Dauer der Zeit nimmt die Seele die Farbe der Gedanken an.« Dieses Zitat stammt vom einst mächtigsten Mann auf Erden und ist nicht etwa in der Neuzeit entstanden, sondern vor knapp 2000 Jahren. Der römische Kaiser Marc Aurel, auch als Philosophenkaiser bekannt, hat einst diesen klugen Satz verfasst. Leider hat sich das Zitat nicht als allgemeines Gedankengut in unsere Gegenwart retten können.

Neid ist einer dieser Faktoren im Leben, die dunkle Spuren in unserer Seele hinterlassen. Wenn er von uns Besitz ergriffen hat, beschäftigt er uns für Stunden, Tage, ja manchmal sogar ein ganzes Leben lang. Das Tückische daran: Neid macht uns zu Verlierern. Es gibt selten einen Gewinn. Wenige Menschen können Neid in Energie umwandeln. Und wenn sie es schaffen, verlieren sie trotzdem immer etwas, sei es Zeit, Zuneigung oder Freundschaften. Die Zeit, die ich mit neidvollen Gedanken verbringe, bekomme ich nicht zurück. Und es kommt noch schlimmer: Neid verursacht Stress, und der verkürzt nachweislich das Leben.

Das Gefühl von *Hass* ist meist von langfristiger Natur. Es ist zwar ein Motor, der enorme Kraft entfalten kann, aber Hass frisst, wie auch der Neid, immer einen Teil in uns auf. Es wäre daher kein kluger Ratschlag, sich vorzunehmen, die Komfortzone mithilfe dieser »Tugend« zu verlassen.

Hass hat großen Hunger und duldet weder Gegner noch Mitstreiter. Menschen, die hassen, können sich kaum ein Lächeln aus wahrer Freude abringen. Warum ich den Begriff »Hunger« in diesem Zusammenhang verwende? Auch unsere innere Lebensfreude wird aufgefressen.

Für *Wut* gibt es verschiedene Veranlassungen. Im Gegensatz zu Neid können diese Gefühle berechtigte Auslöser haben, z. B. wenn Ihr Kind geschlagen wird oder Sie bei einem Geschäft betrogen werden. Bis zu einem gewissen Punkt kann die Wut ein Trigger sein, um die Komfortzone zu verlassen. Da kann etwa eine schüchterne Mutter zur Löwin werden, wenn ihr Kind angegriffen wird. Wut kann auch dafür sorgen, dass Sie eine Grenze überschreiten und dann merken, dass Sie mehr können, als Sie selbst geglaubt haben.

Der Wut darf man in gewissen Lebenslagen eine Chance geben. Nutzen Sie die Energie, die die Wut freisetzen kann, um Probleme anzugehen. Ich vergleiche es mit einem Rückenwind, der mich beschleunigt. Wichtig ist nur, dass Sie selbst die Richtung bestimmen und nicht »blind vor Wut« werden. Sich sinnlos aufzuregen oder von der Wut treiben zu lassen, ist nie von Erfolg gekrönt, denn wir verlieren den Blick von oben und damit letztendlich die Kontrolle über unsere Ziele.

Stress

Probleme im Beruf, ein großer finanzieller Verlust oder Streit mit der besten Freundin – ausgerechnet dann werden Sie auch noch krank? Das ist kein Zufall.

Es gibt, ganz grob gesagt, zwei Wege, wie Stress uns krankmacht. Der erste Weg verläuft über das Immunsystem. Bei Stress produziert unser Körper Cortisol, Adrenalin und Noradrenalin, und diese Stoffe verlangsamen unsere Immunreaktion. Das bedeutet, dass wir uns schneller eine Erkältung oder eine Grippe einfangen, wenn wir längere Zeit unter Strom stehen.

Das Immunsystem spielt auch eine wichtige Rolle, wenn unser Körper Verletzungen heilt. Eine Studie der Ohio State University zeigte im Jahr 2011, dass schon milder Prüfungsstress dazu führt, dass kleine Schnittwunden um 40 Prozent langsamer heilen.

Der zweite Weg, auf dem Stress unserer Gesundheit schadet, betrifft unseren Kreislauf. Akute Belastungen sorgen dafür, dass unser Herz schneller schlägt und der Blutdruck steigt. Das hängt auch damit zusammen, dass sich unter Stress die so genannte glatte Muskulatur anspannt. Dabei handelt es sich um Muskeln, die unsere Blutgefäße und Organe umschließen und die wir nicht willentlich steuern können.

Langfristig ist das eine große Belastung für Herz, Atemwege und Verdauungssystem. Und der Grund dafür, dass Menschen unter Stress zu Asthma, Kopfschmerzen oder Reizdarm neigen.

Stress belastet also unseren Körper auf eine ziemlich komplexe Art. Und es kommt noch schlimmer: Je früher und stärker wir psychischen Belastungen ausgesetzt sind, desto schneller geraten wir auch später in Stress. Die negativen Folgen für die Gesundheit potenzieren sich dann.

Eindrucksvoll belegt wird dies unter anderem durch die sogenannte ACE Studie (Adversed Childhood Experience). Es handelt sich hierbei um eine Langzeitstudie, in deren Verlauf über 17 000 Amerikanerinnen und Amerikaner 25 Jahre lang begleitet wurden. Die Studie belegt: Wer als Kind traumatisiert, also großem Stress ausgesetzt wurde, leidet später häufiger unter Suchterkrankung, Depressionen, Krebs und vielen anderen gesundheitlichen Problemen.

Wenn wir dauerhaft gestresst sind, hat das also langfristig Folgen für unsere Gesundheit. Und das gleich auf mehreren Ebenen. In der Summe machen diese Effekte Stress zum Killer Nummer eins in unserer Gesellschaft.

Vor allem ist er auch ein Schlüsselfaktor, der bei fast allen Erkrankungen seine Finger im Spiel hat.

Laut einer Studie der Stanford University unter der Leitung von Dr. Bruce Lipton aus dem Jahr 1998 werden ca. 90 Prozent aller Krankheiten durch Stress verursacht oder verstärkt.

Ich möchte Sie an dieser Stelle ermutigen. Fühlen Sie sich häufig gestresst? Dann gehen Sie der Sache auf den Grund. Stress ist ein Bremsklotz, den Sie abschütteln müssen, und zwar so schnell es geht. Ihre Kollegen sind Gift für Sie? Dann wechseln Sie den Job. Ihre Ehe ist trotz etlicher Gespräche nicht zu retten? Dann ziehen Sie einen Schlussstrich. Ich möchte Ihnen nicht zu einem Schnellschuss raten, aber wenn Sie jahrelang unter bestimmten Situationen leiden, dann wird sich daran nichts mehr ändern. Niemand wird Sie retten, nur Sie können eine Veränderung herbeiführen.

»An der Realität zu leiden ist einfacher, als sie zu verändern«*

Können Sie sich daran erinnern, wann Sie das letzte Mal im Stau standen? Wie hat sich das angefühlt? Und was haben Sie dabei gedacht? Vermutlich schossen Ihnen eine Reihe von Flüchen durch den Kopf oder Sie dachten: »Muss das jetzt sein? Und warum ist der Stau mal wieder nur auf meiner Spur?«

Wir alle wissen ganz genau: Dieser Situation sind wir ausgeliefert. Wir können sie so wenig beeinflussen wie ungünstiges Wetter oder

* Peter Wallimann

die Verspätung von Zügen. Es ist die Realität, ob wir es wahrhaben wollen oder nicht. Und trotzdem – oder gerade deswegen – regen wir uns auf. Doch damit nicht genug: Wir können unseren Ärger über eine bestimmte Situation über Jahrzehnte hinweg behalten. Mitunter sogar unser gesamtes Leben. Ich kenne Menschen, die sich noch Jahre nach einer misslichen Situation darüber so sehr in Rage reden und aufregen können, als wäre es gerade erst vor einigen Momenten geschehen. Wie ist das möglich?

Unser Gehirn bildet bestimmte Handlungsmuster aus, die uns den Alltag erleichtern. Wir lernen beispielsweise, dass es besser ist, sich morgens erst anzuziehen und dann auf die Straße zu gehen oder erst die Zahnpasta auf die Bürste zu machen und im Anschluss die Zähne zu putzen. Das leuchtet jedem ein.

Von solchen erlernten Mustern gibt es Zigtausende. 99 Prozent davon haben sich bewährt und sind sinnvoll. Das letzte Prozent jedoch ist diskussionswürdig. Während es manche Menschen schaffen, mentale Superkräfte zu entwickeln, kreieren andere Abwärtsspiralen, die sie zu Gefangenen ihrer eigenen Gedanken werden lassen. Selbstmitleid ist einer der Gründe, die Menschen in ihrer Entfaltung aufhalten, ja regelrecht nach unten ziehen.

Unsere Umwelt, unsere Gene und unsere Erziehung formen unsere Gedankenwelt. Unser Gehirn erlernt bestimmte Programme, die uns Erfolg versprechen bzw. ein gutes Gefühl vermitteln oder auch vermeintlich vor mentalem Schmerz schützen. Dazu gehört auch Selbstmitleid. Die unangenehme Nebenwirkung ist allerdings, dass wir uns dem Selbstmitleid wehrlos ausliefern. Wir entmachten uns, geben das Ruder ab. Dabei vergessen wir schnell, dass wir in eigentlich allen Lebenslagen selber entscheiden können. Ich kann mich über einen Stau oder das schlechte Wetter ärgern, aber ich werde auf diese Weise nie gewinnen. Ich habe nur eine Möglichkeit: Ich ändere meinen Blickwinkel.

Statt sich über den Stau zu ärgern, könnten Sie sagen: »Okay, ich nutze die Zeit, um mich telefonisch mal wieder bei guten Freunden, meinen Eltern, Geschwistern oder Geschäftspartnern zu melden.« Heutzutage verfügt quasi jedes Auto über eine Freisprechanlage, oder das Handy lässt sich auf laut stellen.

Mein persönlicher Tipp: Machen Sie Fitnessübungen. Spannen Sie beim nächsten Stau fünfzig Mal Ihren Bauch, dann Ihren Gluteus maximus (großer Gesäßmuskel) und andere Muskelgruppen an. Und am besten jede Übung mit ein bis zwei Wiederholungen. Das spart vielleicht schon die nächste Runde im Fitnessstudio oder beugt zumindest Rückenschmerzen vor.

Selbstmitleid verhindert in vielen Fällen, dass wir kreativ werden. Es wirkt wie eine Selbstblockade, genau wie bei einem dreijährigen Kind. »Ich will aber nicht!«, schreit dieses Kind ganz laut in unserem Inneren. In manchen Fällen macht sich das Selbstmitleid auch als eine Art von Trauer bemerkbar und besitzt eine Schutzfunktion. Menschen, die darunter leiden, suchen die Schuld bei äußeren Faktoren oder anderen Menschen. Sie glauben, dass das Pech eine Kraft sei, die ganz besonders sie heimsuche. Wer sich selbst bemitleidet, übernimmt keine Verantwortung für das eigene Leben und gibt damit die Macht ab, die Dinge im eigenen Sinne zu verändern.

Erfolgsmenschen übernehmen auch Verantwortung für ihre Misserfolge und Fehler und haben deswegen immer die Zügel ihres Handelns selbst in der Hand.

Wer sich häufig selbst bemitleidet, hat oftmals schlimme Erlebnisse hinter sich. Wenn Sie das ungute Gefühl beschleicht, dass diese Beschreibung auf Ihr Leben zutrifft, dann hilft Ihnen nur bedingungslose Ehrlichkeit sich selbst gegenüber. Ohne diesen ersten Schritt kommen Sie aus der Gedankenfalle nicht mehr heraus. Bitte bedenken Sie noch einmal: Es handelt sich hier um ein erlerntes Programm, das nicht gottgegeben in uns Menschen verankert ist. So wie Sie es sich eventuell im Laufe Ihres Lebens antrainiert haben, können Sie es sich auch wieder abtrainieren und loswerden.

Wie erkennen Sie Selbstmitleid? Wenn Sie die Schuld an Ihren Problemen bei Ämtern, den Nachbarn, bei Bekannten, dem Wetter oder Familienmitgliedern suchen. Das alles sind Anzeichen, dass Sie betroffen sind. Selbstmitleid, und die Schuld bei anderen zu verorten, sind tolle Ausreden, nichts anzupacken (und Energie zu sparen). Erfolgsmenschen suchen keine Schuld, sie suchen Chancen, Inspirationen und gute Ideen.

Die Trägheitsfalle

Der Wecker klingelt, es ist 7 Uhr. Ich drehe mich noch einmal um, denn die Kinder sind schon alt genug, um sich ihr Frühstück selbst zu machen und alleine in die Schule zu gehen. Das Bett ist einfach so schön warm. Eine halbe Stunde später stehe ich auf, gehe an den Briefkasten und hole die Tageszeitung. Ich schneide mir einen Apfel, kippe Haferflocken, Sonnenblumenkerne, Leinsamen und ein paar andere Zutaten in eine Müslischale und übergieße mein Werk mit Hafermilch. Im Anschluss mache ich mich an die Arbeit. Ich lese und beantworte Mails und kontaktiere Geschäftspartner. Um die Mittagszeit esse ich gemeinsam mit meiner Frau und Kollegen in unserer betriebseigenen Lounge. So geht es dann mit verschiedenen Tätigkeiten weiter, bis ich abends wieder zu Bett gehe und das Prozedere von vorne startet.

Viele von uns haben solche Routinen in ihrem Leben verinnerlicht und brechen aus diesen auch nicht aus. Es sei denn, eine Notsituation, ein dringendes Bedürfnis oder ein Schicksalsschlag zwingen uns dazu. In ganz seltenen Fällen verändert auch eine neu gewonnene Einsicht unser Leben.

Bei ihrem Versuch, aus der Komfortzone auszubrechen, scheitern die meisten Menschen an der immer gleichen Stelle. Es ist wie in einem schlechten Videospiel. Alle Level sind geschafft, bis auf eines. Der Gegner ist uns überlegen.

In diesem Fall ist es unsere eigene Schaltzentrale, die gegen uns spielt. Nur wenn wir große Mengen an Energie aufbringen, können wir als Sieger hervorgehen. Es ist die alles entscheidende und finale Frage aus unserem Gehirn: »Wozu der Aufwand? Wir haben doch alles!« Und das stimmt in den meisten Fällen ja auch. Wir leben in einer warmen Wohnung, haben genug zu essen, und auf dem Sofa ist es doch auch äußerst bequem. Unsere Grundbedürfnisse sind gedeckt.

Ab und zu schießt uns der Gedanke durch den Kopf: »Ich sollte noch …« Und kurz darauf kommt der Befehl: »Aufhören! Das ist doch sinnlos, kostet nur Energie!« Sie könnten sich diesem Endgegner stellen, wenn Sie wollten. Sie müssen es aber nicht.

Eventuell beschleicht Sie aber im Laufe Ihres Lebens ein unangenehmes Gefühl. Wer sich diesem Endgegner immer wieder bedingungslos ergibt, fühlt sich schwach. Denn ewiges Nachgeben frisst ein Loch ins Selbstbewusstsein, auch wenn wir die Grundbedürfnisse des Lebens ziemlich gut abgedeckt haben. Im Endeffekt führt es zu einer gewissen Trägheit. Ich habe dazu einen eigenen Begriff ersonnen: Lebensfäule. Das klingt nach einem muffigen, modrigen Etwas, das ich auf jeden Fall vermeiden möchte.

Das Leben war früher vergleichbar mit einem Dschungel. Die Menschen kämpften sich durchs Dickicht und waren damit beschäftigt, sich einen Weg zu bahnen. Ihre Hoffnung war es, eine schöne Lichtung zu finden, auf der sie leben konnten. Wir dagegen wurden bereits auf einer Lichtung geboren. Wir können einfach hier leben und müssen nicht zurück in den Dschungel. Tief in uns drin ist aber ein weiteres Programm genetisch verankert: unsere Neugier. Wir sind umtriebig. Dieses Bedürfnis möchte irgendwann befriedigt werden. Und da wir vom Dschungel umgeben sind und uns Mutter Natur nicht mit Flügeln ausgestattet hat, gibt es keinen anderen Weg, als sich irgendwann mal wieder durchs Dickicht zu schlagen.

Ablenkung durch News, Mails etc.

Zahlreiche Fachleute aus der Soziologie, Biologie und Gehirnforschung warnen vor überbordendem Medienkonsum. Der Schweizer Buchautor Rolf Dobelli hat es in seinem Bestseller *Die Kunst des digitalen Lebens* wunderbar auf den Punkt gebracht. Darin erklärt er seine Sichtweise auf den Newswahn unserer Tage. Seine Schreibweise ist bestechend klar und deutlich, man fühlt sich zu Recht ertappt. Jeden Tag lesen, hören und sehen wir auf unzähligen Kanälen News. Waldbrand in Kalifornien, Wahlen in Südafrika, Skandale in Königsfamilien, Demonstrationen in Berlin usw. Dobellis Fazit: Keine dieser News machen uns glücklicher, versprechen nachhaltiges Wissen oder verändern unser Leben. Aber eines machen diese News mit uns: Sie lenken uns ständig ab.

Versuchen Sie selbst einmal stichhaltige Argumente vorzulegen, welchen Nutzen wir hier in Europa aus dem Wissen ziehen, dass in Indien ein Bus mit zwanzig Menschen verunglückt ist. Das ist natürlich ein sehr schlimmes und für die Angehörigen traumatisches Ereignis. Wir ziehen aber weder daraus einen Erkenntnisgewinn, noch können sich die Hinterbliebenen etwas von unserem Mitleid kaufen. Noch viel schlimmer – wir stumpfen mit der Zeit vollkommen ab. Nach der 357. Katastrophe schalten wir einfach auf Durchzug.

Ein weiteres Phänomen, das sich ganz schleichend in unser Leben mischt: Wir haben das Gefühl, dass die Welt nur noch aus schlechten Nachrichten besteht. Nicht wenige Menschen fühlen sich dadurch hilflos, einige werden paralysiert und empfinden einen lähmenden Weltschmerz.

Doch genau dieses Phänomen ruft eine Gegenbewegung auf den Plan. Die Sozialen Medien verschaffen sich in unaufhaltsamer Form Zugang zu unserem Unterbewusstsein. Eine der wichtigsten Schaltzentralen in unserem Gehirn wird absichtlich, fast schon heimtückisch manipuliert. Es sind unsere mikroskopisch kleinen Chemielabore, die endokrinen Drüsen, verantwortlich für den Ausstoß von Glückshormonen, beispielsweise Dopamin. Bei jedem »like«, Ping und Katzenvideo, bei jeder SMS, Mail und Neuigkeit durchströmen sie unseren Körper. Wir freuen uns für einen kurzen Moment. Es ist eine Art Ausgleich zu all den schlechten Nachrichten in der Welt. Die Wirkung ist laut Wissenschaft vergleichbar mit der Einnahme von Drogen.

Unsere Programmierung ist darauf ausgelegt, diese Hormone zu aktivieren. Früher mussten die Menschen lange darauf hinarbeiten, beispielsweise bei der Suche nach Nahrung. Immer wenn etwas Essbares gefunden wurde, gab es eine Belohnung in Form von Dopamin. Es war als Trigger gedacht, um aktiv zu bleiben.

Heute schnappen wir unser Handy und sammeln vermeintliche Glücksmomente im Sekundentakt für unser Wohlbefinden ein. War diese Funktion also früher von der Natur geschaffen worden, um uns zu motivieren, uns für unser Überleben anzustrengen, führt das heutige Treiben ins Gegenteil. Wir verharren auf unserem Sofa.

Eine echte Langzeitstudie zu den Auswirkungen der Nutzung Sozialer Medien gibt es natürlich noch nicht. Vielleicht führt die dauerhafte Flutung von Dopamin ja auch zu einem verlängerten und gesünderen Leben. Es wäre zu hoffen. Niemand kann dies heute wissenschaftlich fundiert vorhersagen. Doch an meinen Kindern und bei meiner Arbeit in der Tanzschule sehe ich einen anderen Trend. Die virtuelle Welt macht uns glauben, etwas Tolles zu erleben. Es wirkt greifbar nahe, was es natürlich bei Weitem nicht ist. Viele Jugendliche glauben zudem, Erfolg wäre ein leicht erreichbares Ziel. Es ist ja ein Teil ihrer täglichen virtuellen Welt. Doch all die Stunden, die beim Scrollen in die Sozialen Medien investiert werden, verpuffen in einem digitalen Nirwana. Daraus entsteht selten ein echter Nutzen, einzig die Zeit vergeht.

Dieses sich ständig wiederholende Szenario ist meiner Meinung nach einer der mächtigsten Gegner beim Verlassen der Komfortzone. Wie sich das durchbrechen lässt, werde ich noch genau erläutern.

Als ich mit meiner Frau über dieses Thema gesprochen habe, stellte sie folgende Frage: »Was war zuerst da, Henne oder Ei? Lenkst du dich ab, damit du nicht machen musst, was nötig ist, oder bist du abgelenkt und kommst deswegen zu nichts?« Wie lautet Ihre Antwort?

Wir zögern gerne …

Der im Jahre 2019 verstorbene Künstler Luigi Colani war bekannt für seine außergewöhnlichen Designideen. Da er ein wahrer Workaholic und zudem kreativ und vielseitig war, finden sich in unserem Alltag eine Vielzahl an Gebrauchsgegenständen, für die er ein neues Äußeres entwarf. Colani war in vielerlei Hinsicht seiner Zeit voraus und sein Name hat es sogar in die Sprache der Handwerker geschafft. Die sogenannte »Colani-Lampe« ist allerdings kein Schmuckstück, sondern bezeichnet eine einfache Glühbirnenfassung aus dem Baumarkt, die der Elektriker als Übergangslösung anbringt. Ich bin schon in Wohnungen gekommen, da hing eine solche Lampenfassung seit über zwanzig Jahren. Solche Provisorien kennen Sie vermutlich auch.

Wie oft haben sich die besagten Wohnungsbesitzer wohl schon gesagt: »Da sollte ich mal eine richtige Lampe kaufen«? Vermutlich jedes Mal, wenn sie den Lichtschalter betätigen. Bei täglicher Benutzung also sicherlich 7000 Mal in diesen zwanzig Jahren. Es bedarf keines Rechengenies, um schnell festzustellen, dass dies wohl eine immense mentale Ressourcenverschwendung darstellt. Der immer wiederkehrende Gedanke an die Glühbirne belastet das Unterbewusstsein. »Mist, das muss ich ja auch noch mal irgendwann erledigen.« Und weil die Glühbirne oft nicht die einzige Aufgabe ist, sondern eher die Spitze des Eisbergs darstellt, sollten Sie sich am besten sofort einen Zettel schnappen und auflisten, welche »Colanis« bei Ihnen noch so herumschwirren. Ich helfe auch gerne mit den ersten Punkten nach: Testament schon verfasst? Patientenverfügung in Ihrer

Familie geklärt und unterschrieben hinterlegt? Alle Kleidungsstücke weggegeben, die Sie seit mehr als fünf Jahren nicht getragen haben? Keller entrümpelt?

Reagieren Sie also umgehend, wenn sich ein Problem anbahnt oder eine Aufgabe zu erledigen ist. Wenn Sie sich jetzt gerade ertappt fühlen, möchte ich gleich noch etwas Salz in die Wunde streuen. Was passiert eigentlich noch in unserem Gehirn, wenn wir die Erledigung einer Aufgabe hinauszögern? Wir malen uns gerne aus, warum wir die Colani-Lampe nicht ersetzen können oder wollen. »Auf dem Weg zum Baumarkt ist immer so viel Stau …« »Wenn ich das im Internet bestelle, sieht es in echt immer ganz anders aus …« »Eigentlich müsste ich eh noch schnell die eine E-Mail schreiben und habe gar keine Zeit …« usw. Wenn Sie dieses Programm im Gehirn »trainieren«, dann verfestigt es sich.

Viele erfolgreiche Persönlichkeiten kennen sich selbst gegenüber keine Gnade. Sie sehen ein Problem und arbeiten es umgehend ab. So ein Mensch war zum Beispiel Niki Lauda. Egal ob eine große oder eine kleine Aufgabe anstand, egal ob privat oder geschäftlich. Er ging vor wie bei einem Einkaufszettel und arbeitete die To-dos stoisch ab. Ich bin kein ausgewiesener Rennsportfan, aber diese Taktik habe ich mir von Herrn Lauda abgeschaut.

… und zögern

Jeder Mensch hat Ideen. Mal kleine, mal große. So ein Gedanke kommt quasi aus dem Nichts daher. Im Sprachgebrauch gibt es nicht ohne Grund den Begriff »Gedankenblitz«. Wir unterschätzen, wie häufig so etwas passiert. Überlegen Sie einen kurzen Moment. Wann hat Sie solch ein Blitz das letzte Mal durchzuckt? »Soll ich morgen ins Kino gehen? Die Wand im Flur braucht neue Farbe. Die alten Zeitschriften könnte ich eigentlich alle wegschmeißen.« Natürlich ist das von Mensch zu Mensch unterschiedlich, aber wir werden täglich davon mehrfach heimgesucht.

Je mehr Zeit zwischen so einem Gedanken und der Aktion vergeht, desto eher kommen wir ins Grübeln. Wenn das geschieht, dann sammelt das Gehirn gerne die Gedanken zusammen, warum das jetzt eigentlich nicht so sinnvoll ist oder was alles generell dagegen spricht.

Wir zögern oft, weil wir uns entscheiden müssen. Haben Sie das Wort ENTSCHEIDUNG einmal ganz bewusst gelesen? Haben Sie je bemerkt, welch tiefere Bedeutung sich dahinter versteckt? Ich helfe gerne noch einmal nach: ENT-SCHEIDUNG. Genau, Sie müssen sich von etwas trennen. Da kommt mitunter wieder die Angst, etwas zu verlieren, ins Spiel.

Der Autopilot übernimmt die Kontrolle

Für viele Jahre hatten meine Frau, ihre Freundin, unser Geschäftsführer und ich ein Ritual. In regelmäßigen Abständen haben wir uns zum Kochen bei uns zu Hause verabredet. Bei jedem Treffen wurde ein neues Gericht ausprobiert. Jedem von uns wurde eine bestimmte Aufgabe zugeteilt. Meine war es, eine mehr oder weniger außergewöhnliche Tischdekoration beizusteuern. Nur selten gelang mir dies auch, aber das war auch nicht ganz so wichtig wie das Essen an sich.

Einige Menüs sind mir bis heute im Gedächtnis geblieben. Unvergessen sind beispielsweise die Serviettenknödel, das Pilzrisotto oder das Lachsfilet. Es gab auch lustige Unfälle wie die Schwedische Mandeltorte, die nicht nur eigenartig geschmeckt hat, sondern die auch kurz vor dem Servieren auf geheimnisvolle Weise zerflossen ist. Die Torte ist auch noch nach zehn Jahren ein Running Gag in unserer Runde. Leider gibt es das Treffen heute nicht mehr, und in der gewohnten Runde sehen wir uns meist nur noch ein- oder zweimal im Jahr. Seitdem die beiden anderen jeweils eine eigene Familie gegründet haben, fehlt einfach die Zeit.

Mit Ende zwanzig haben die meisten Menschen ihre berufliche Ausbildung abgeschlossen. Ab diesem Zeitpunkt beginnt eine neue Lebensphase. Vielfältige berufliche und auch familiäre Angelegenheiten stehen nun im Mittelpunkt. Das hat auf jeden Fall Vorrang. Allerdings sollten wir zu diesem Zeitpunkt nicht aufhören, uns als Menschen weiterzuentwickeln. Es ist eine ganz entscheidende Phase in unserem Leben. Auch in der Schule gibt es einen ähnlichen Punkt. Es ist der Beginn der Pubertät. In diesem Lebensabschnitt verlieren einige Schüler den Anschluss. Hier die Motivation zu finden, wieder auf der Höhe zu sein, fällt schwer.

So ähnlich lässt sich auch die Phase beschreiben, wenn Ausbildung oder Studium abgeschlossen sind. Wir suchen nach einem neuen Wohnort, einem passenden Partner und einem geeigneten Jobangebot oder stellen alles, was wir bisher haben, infrage. Passt es noch zu unserem »neuen« Lebensabschnitt? Ab einem Alter von dreißig Jahren gewinnt der Begriff Work-Life-Balance immer mehr Bedeutung. Insbesondere wenn der Beruf und das Familienleben mit Kindern viel Zeit und Kraft verlangen.

Ab diesem Zeitpunkt beginnt auch eine Veränderung der neuronalen Strukturen im Gehirn, die teilweise neue Vernetzung und teilweise schon erste Anzeichen des Abbaus beinhalten kann. Das ist überhaupt nichts Schlimmes, ganz im Gegenteil.

Entscheidend ist, wie wir unsere Gehirnzellen vernetzen. Wenn wir in diesem Zeitabschnitt immer nur die bekannten Gedankenwege abschreiten, dann stellt sich eine Routine ein. Ich nenne es den geistigen Autopiloten. Wir haben zwar Wissen und Erfahrungen angesammelt, sind aber verleitet, dieses Wissen immer und immer wieder gleich anzuwenden. Vieles davon ist auch gut und wichtig. Wir neigen aber dazu, gedanklich etwas faul zu werden, und trainieren unbewusst den Verbleib in der Komfortzone. Zusätzlich sind wir oft erschöpft und lassen uns durch die Neuen Medien und das Fernsehen gerne berieseln. Das ist einer der Gründe, warum sich das Verhalten vieler Menschen im Laufe des neuen Lebensabschnitts kaum oder nur selten ändert. Das Weltbild wird justiert, Flexibilität und Spontaneität gehen verloren. Sie sind beruflich oder auch in der Familie eingespannt und müssen ihre Energie einteilen. Alles, was daneben zusätzlich Energie kostet, wird stark reduziert. So war es letztendlich auch mit unseren Kochabenden.

Wenn die Kinder dann größer sind und der berufliche Alltag entspannter wird, hat unser Gehirn gelernt, dass wir außerhalb dieser Felder doch bitteschön keinen zusätzlichen Aufwand betreiben sollten. Berieseln lassen tut es doch auch. Doch Experten empfehlen dringend, dass wir auch in Hochphasen des Lebens eher mal zu einem Buch greifen und uns mit Freunden treffen, anstatt nur fernzusehen. Sonst steuert unser geistiger Autopilot den Rest unseres Lebens. Klingt traurig, ist aber in vielen Fällen die Realität. Ich werde Ihnen im Verlauf des Buches noch verraten, mit welchen Methoden wir proaktiv und erfolgreich gegensteuern können.

Prokrastination

Es ist Freitag, 13.23 Uhr. Meine Söhne kommen von der Schule. Übers Wochenende haben sie jeweils eine kleine Hausaufgabe zu erledigen. Zeitaufwand unter fünfzehn Minuten. Was passiert? Zuerst einmal haben die beiden Hunger. Allerdings bin ich mit dem Mittagessen noch nicht so weit. Ich brauche noch rund zwanzig Minuten.

Ich empfehle den beiden, dass sie doch jetzt gleich die Aufgaben erledigen, denn dann hätten sie den Kopf frei fürs Wochenende. Leider weit gefehlt. Sie verziehen sich lieber in ihre Zimmer und diskutieren über die neuesten Updates irgendwelcher Ballerspiele.

Meine Frau und ich fragen in den kommenden 48 Stunden ein paar Mal nach. Sie ahnen es bereits: Das ist natürlich vergebliche Liebesmüh. Sonntag 18.20 Uhr. Die Lage spitzt sich zu. Es soll noch geduscht werden, und der Schulranzen ist auch noch nicht gepackt. Lange Diskussionen. Ich komme mir vor wie bei der UNO-Vollversammlung. Argumente werden ausgetauscht, es hilft nichts. Wir sind alle erschöpft. Um viertel nach acht geben die Kinder klein bei. Beim einen stellt sich heraus, dass die Aufgaben etwas anspruchsvoller sind. Der andere hat sich die Aufgaben offenbar falsch notiert, denn die Seiten existieren im Buch gar nicht. Er muss notgedrungen einen Freund anrufen. Bis 21.15 Uhr geht es heiß her, die Nerven liegen jetzt blank. Um 22.20 Uhr ist endlich Bettzeit, aber schlafen kann noch keiner von uns. Die vergangenen Stunden waren zu aufgedreht und angespannt.

Es gibt gefährliche Viren, es gibt gefährliche Bakterien, und es gibt die Prokrastination. Sie alle verursachen Krankheiten. Letztere ist besser bekannt als »Aufschieberitis«. Wichtige, anstrengende Arbeit wird durch angenehme, aber unwichtige Handlungen ersetzt. Denn jede Handlung, die ich abschließe, wird mit einem kleinen euphorischen Glücksgefühl belohnt. Das fühlt sich immer besser an, als seine Energie für etwas einzusetzen, dessen Ausgang vielleicht gar keinen Erfolg verspricht. So wie bei den Hausaufgaben, die eventuell gar nicht kontrolliert werden. Da spielen die Kinder lieber eine Runde an der Konsole und haben die Chance auf einen epischen Sieg. Nebenbei bemerkt, das heißt übrigens wirklich so. Ich denke dann für mich: Immerhin wurde ihr Wortschatz um den Begriff »episch« erweitert.

Ein weiteres Beispiel, aber diesmal mit anderem Ausgang. Unsere Spülmaschine hatte ihren Geist aufgegeben. Nach gut zwölf Jahren zwar etwas früher als gedacht, aber nun gut. Der Kundendienst machte mir wenig Hoffnung, da der Motor und ein weiteres Teil beschädigt waren. Ich rief sofort bei einem Händler an und orderte eine neue Maschine. Hier habe ich sofort gehandelt, auch wenn das

Hin und Her mit dem Kundendienst und die schier unendliche Auswahl an Geräten mir die Entscheidung nicht einfach gemacht haben. Ich wusste aber genau: Jeder Tag ohne Spülmaschine bedeutet mehr Arbeit im Haushalt. Das Aufschieben wäre also umgehend mit einer unangenehmen Situation einhergegangen.

Die Gefahr des Aufschiebens ist immer dann gegeben, wenn wir im ersten Moment keine erkennbaren Folgen spüren. Sie müssen sich nicht zum Sport aufraffen oder das Rauchen abgewöhnen, um zu vermeiden, dass Sie morgen tot umfallen. Das Ergebnis liegt in ferner Zukunft. Darin liegt eben auch die Gefahr.

Mangelndes Selbstbewusstsein

Menschen sind verschieden. Wir sind zwar alle mit einer gewissen Willenskraft ausgestattet, diese kann allerdings bei den verschiedenen Individuen sehr stark variieren. Und neben dieser biologischen Grundausstattung gibt es auch Hürden, die uns anerzogen wurden. Ein gutes Beispiel aus meinem beruflichen Alltag ist das Tanzen.

In meinem Beruf als Tanzlehrer begegne ich immer wieder Menschen, die es für eine absolute Höchstleistung halten, Tango oder Walzer zu beherrschen. Wer sich nie mit Tanzen beschäftigt hat, und das sind überwiegend Männer, der sieht in ein paar simplen Schritten eine unüberwindbare Hürde.

Unüberwindbar scheint auch das Erlernen der chinesischen Sprache. Sie teilt sich in zahlreiche Dialekte auf, und alleine schon das Schreiben der vielen tausend Schriftzeichen ist wahrlich eine Herausforderung. Aus diesen Gründen hört man immer wieder, dass es quasi unmöglich sei, Chinesisch zu lernen. Doch natürlich ist das Unfug. Hochchinesisch ist für ca. eine Milliarde Menschen die Muttersprache, und weitere 200 Millionen Menschen lernen es als Zweitsprache. All diese Menschen schaffen also das scheinbar Unmögliche.

In unseren Köpfen ist das Vorurteil »das ist viel zu schwer« tief verankert. Nehmen Sie sich mal ein bisschen Zeit und schauen Sie sich eines der unzähligen Lernvideos im Netz dazu an. Sie werden erstaunt sein, wie schnell sich ein paar Sätze lernen lassen, wenn man sich damit beschäftigt.

Solange Sie etwas nicht kennen oder noch nicht versucht haben, sollten Sie Ihre Vorstellung von »zu schwer« oder »kann ich nicht« am besten beiseiteschieben. Und falls Sie sich noch an den Tango wagen sollten – in einer halben Stunde lernen Sie ganz passabel ein erstes Schrittmuster und können sich damit dann auf jeder Tanzfläche bewegen.

Falsche Erziehung

Es gibt ein wunderbares Beispiel, wie man Kinder richtig verdirbt. Dieser Vorgang ist ein Phänomen der Neuzeit und hat in den frühen 1990ern seinen Anfang genommen. Aber zu den Fakten: Die Durchschnittsfamilie hat aus Kindersicht zwei Elternteile, in Patchwork-Familien auch gerne mal mehr. Dazu gesellen sich zwei bis sechs Tanten und Onkel plus Omas und Opas. Stehen Geburtstag, Weihnachten oder Ostern an, dann werden Kinder quasi von Geburt an regelmäßig reichlich beschenkt.

Nehmen wir das Fest zu Christi Geburt. An diesem wunderbaren Tag gibt es laut Studien im Schnitt drei Geschenke von den Eltern, jeweils eins von den Omas und Opas, meist auch etwas von ca. zwei Tanten und Onkeln und wenn es gut läuft noch etwas von guten Bekannten oder Nachbarn. Summa summarum also rund acht Präsente. Rechnet man Geburtstag und Ostern dazu, macht das pro Jahr 24 Geschenke. Ein Kind im Alter von neun Jahren besitzt also ca. 168 Spielsachen. Dazu kommen die Belohnungen für Zeugnisse, erbettelter Kleinkram sowie die Alle-anderen-aus-meiner-Klasse-haben-das-auch-Geschenke.

Alle Eltern wissen, dass heutzutage weit über 200 Spielsachen in einem Kinderzimmer zu finden sind. Was passiert im Gehirn bei diesem Überfluss? Es lernt. Und zwar eine Regel: »Du brauchst dich nicht anzustrengen, denn du lebst im Schlaraffenland.« Während sich Kinder früher flehend ein Fahrrad wünschten, müssen Eltern heute fast darum betteln, dass das Kind so ein Gerät überhaupt nutzt.

Dieser Werdegang heißt nicht grundsätzlich, dass Kinder ihre Komfortzone nicht verlassen müssen, um etwas zu bekommen. Aber die Hürde liegt ein paar Zentimeter höher. Ein Tipp an alle Eltern: Bitten Sie alle Verwandten und Bekannten, sich an einem oder zwei gemeinsamen Geschenken zu beteiligen. Die Wertschätzung und Freude bei Ihren Kindern ist um ein Vielfaches höher als bei acht oder zehn Geschenken pro Fest.

Unwissenheit

Eine Zeit lang habe ich nachts nicht gut geschlafen. Mein Rachen fühlte sich immer trocken an. Aus diesem Grund bin ich dann wach geworden, aufgestanden und habe etwas getrunken. Das wiederum führte dazu, dass ich in der Folge öfter auf die Toilette gehen musste. Nacht für Nacht, besonders im Winter. Ich habe mich in meinem Umfeld erkundigt und gefragt, ob jemand ähnliche Probleme hatte. Und tatsächlich war es so. Aber viele Menschen nehmen so etwas als von Gott gegeben hin.

Meine Nasenscheidewand ist krumm und auch verengt. Ich könnte sie operieren lassen, und damit würde sich das Atmen eventuell verbessern. Es kann aber, wie bei jeder OP, auch etwas schiefgehen oder auch keinen großen Vorteil bringen. Ich litt bisher nicht so sehr darunter, als dass ich das Risiko hätte eingehen wollen.

Trotzdem war ich das Problem leid und ich fing an, genau zu beobachten, wie die gesamte Situation zu verbessern war. Von meinen Eltern habe ich gelernt, wie man bei wissenschaftlichen Experimenten vorgeht. Es wird viel getestet und ausprobiert. Typisch sind Versuchsreihen, bei denen immer nur ein einzelner Faktor verändert wird, um zu sehen, ob dieser das Ergebnis beeinflussen kann.

Ich stellte als Erstes fest, dass ich das Problem nur im Liegen hatte, aber nicht im Stehen. Dann bemerkte ich, dass ich im Liegen sehr gut atmen konnte, wenn mein Kopf etwas schräg nach rechts gedreht lag. Ich löcherte meinen Hals-Nasen-Ohren-Arzt und erfuhr von der wechselseitigen Durchströmung der Nasenlöcher. Ich habe mich anschließend in das Thema vertieft, und es gibt hierzu spannende Erkenntnisse. Der sogenannte Nasenzyklus beschreibt in der Medizin eine wechselseitige Änderung der Nasenschleimhautschwellung in unseren Nasenkammern. Es arbeitet immer nur eines unserer Nasenlöcher, während das andere pausiert. Dieses Phänomen wurde erstmals 1895 von Richard Kayser, einem Arzt aus Breslau, beschrieben.

Forscher haben auch einen Unterschied in der Nasenatmung zwischen Rechts- und Linkshändern beobachtet. Bei Linkshändern dauert ein Nasenzyklus im Durchschnitt nur halb so lang wie bei Rechtshändern. Woran das genau liegt, konnte die Forschung bisher nicht herausfinden. Seither habe ich begonnen meine linke Hand zu trainieren. Unter anderem durch Schreiben und Klavierspielen.

Warum erzähle ich Ihnen das alles? Wir können Probleme nur lösen, wenn wir eine Ahnung davon haben, wie eine Lösung aussehen kann. Dafür ist es unerlässlich, Fakten und Zusammenhänge zu kennen. Je mehr Geschichten wir hören und je mehr Informationen wir haben, desto klarer wird unser Leben.

Meinen Schlafrhythmus konnte ich übrigens deutlich verbessern.

Ungewissheit

Nein, Sie haben sich nicht verlesen. Die Überschrift klingt nur so ähnlich wie das vorherige Kapitel. Ich halte die Ungewissheit für eine der großen Hürden beim Überwinden der Komfortzone. Diesen Punkt kenne ich aus eigener Erfahrung sehr gut.

Vor einigen Jahren bot sich für unsere Tanzschule die Möglichkeit, eine Steuerrückzahlung zu erhalten. Die Gesetzeslage war allerdings etwas undurchsichtig. Erschwerend kam hinzu, dass wir nicht nur die Steuerunterlagen der letzten zehn Jahre sortiert präsentieren mussten, sondern auch andere Unternehmensdaten, die zum Beweis der Erfüllung aller Kriterien dienten. Wir konnten nicht einfach unseren Steuerberater beauftragen, die Dinge zu regeln. Es war ein regelrechtes Dickicht an Auflagen und Anträgen. Ich hatte schon zwei Jahre zuvor von der Möglichkeit beiläufig gehört, aber mein erster Impuls war: Da ist es ja einfacher, eine Klage vor dem Bundesgerichtshof durchzuboxen!

Jetzt stellt sich die spannende Frage, um die sich hier im Buch alles dreht. Was hat mich bewogen, meine Meinung zu ändern? Und vor allem: Was hat mich angetrieben, diese vermeintlich unlösbare Herausforderung anzunehmen? Mein Leben war zu diesem Zeitpunkt alles andere als langweilig. Unsere Kinder waren drei und fünf Jahre alt. Schlaf war Mangelware. Das Unternehmen war auf Expansionskurs. Neue Projekte lagen manchmal im Wochentakt auf der Agenda. Folgendes ging mir durch den Kopf: Unsere Tanzschule mietete alleine in Freiburg achtzehn Säle, verteilt auf acht Standorte. Das war ein logistischer Alptraum. Die Digitalisierung war noch eine Vision aus der Zukunft, und so gab es eine grausame, analoge Zettelwirtschaft. Wichtige Unterlagen wurden von Standort zu Standort gefahren (gerne auch mal vergessen), Notizen für das Kollegium verschwanden im Nirwana, ein Überblick der Geschehnisse war quasi kaum möglich.

Wenn wir einen Großteil der Säle in einem Gebäude zusammenfassen könnten, so mein Gedanke, wären viel Arbeit, Zeit und Geld zu sparen. Mein Stresspegel würde sich zudem deutlich verringern. Mein Traum war ein repräsentatives und funktionsfähiges Gebäude, in dem sich alle Tanzstile unter einem Dach treffen würden. Von Hip-Hop bis Ballett, von Rumba, Salsa und Discofox bis hin zu Tango, Bachata und Zumba.

Ich fing an Bilder von spektakulären Räumlichkeiten zu sammeln. Ich malte mir aus, wie die Atmosphäre mit all den verschiedenen Tanzkulturen vor Ort wäre. Wie könnte das perfekte Foyer gestaltet werden? Was für eine Art Gastronomie wäre wohl am besten? Ich sammelte alle Ideen, die für das Vorhaben von Nutzen sein konnten.

Mir war klar, dass ich von einem Millionenprojekt fabulierte und wir nicht die nötige Finanzkraft hatten. Für diesen Traum sah ich genau eine realistische Möglichkeit: die Steuerrückzahlung.

Allerdings hielt mich eine unsichtbare Kraft auf. Ich konnte das damals nicht in Worte fassen. Heute weiß ich, was es war. Es war die Ungewissheit. Ich wusste nicht, wo ich anfangen sollte und was sich daraus in der Folge ergeben würde. Aus vielen Gesprächen weiß ich heute, dass exakt diese Ungewissheit eines der größten Hindernisse darstellt, um Ziele zu erreichen.

Mit der Hilfe unseres Berufsverbandes (ADTV), der das steuerliche Thema aufgearbeitet und einen Leitfaden erstellt hatte, konnte ich das Projekt beginnen. Dies war sozusagen ein wichtiger Anstoß, der es mir deutlich erleichterte, einen Anfang zu finden. Ich schritt Punkt für Punkt ab und begann alle Fakten und Informationen zu sammeln. Für die Aufbereitung der Zahlen beauftragten wir eine Spezialistin für Datenverarbeitung. Unser Steuerberater sondierte alle Möglichkeiten und stand in regem Kontakt mit den Finanzbehörden.

Es dauerte letztendlich etwas über ein Jahr vom ersten Gespräch bis zur Auszahlung. Doch es hat sich gelohnt, denn es war ein wichtiger Baustein zur Finanzierung und Grundlage unseres heutigen Erfolges.

Der Akku ist leer

Oft bewundern wir die Errungenschaften der modernen Technik und deren Effizienz. Im Vergleich mit den Fähigkeiten unseres Organismus aber verblasst jede Technologie. In unserem Körper arbeiten Kraftwerke (Mitochondrien), Chemiefabriken (Drüsen), Festplatten und eine KI-Technologie (Gehirn), von der die Wissenschaft glaubt, sie sei niemals auf Roboter übertragbar. Über die Effizienz von Energieverwertung können wir bzw. unsere Zellen nur lachen. Unser Motor akzeptiert ein Sammelsurium an nachwachsenden Rohstoffen, und jede unserer intrazellulären Technologien und Fabriken arbeitet nachhaltig und höchst effizient.

Aber auch unsere Energie geht in gewissen Abständen zur Neige. Und dann müssen wir unseren Akku, wie wir ihn ja selbst auch nennen, wieder aufladen. Was wir in vielen Fällen nicht gut einschätzen können: Wann ist unsere Energie zu Ende und wofür verwenden wir sie? Unser Körper hat keine Anzeige für seinen Ladezustand und so sind wir auf unser Bauchgefühl oder Erfahrungswerte angewiesen. Wir können zwar grob einschätzen, wofür unsere Energie ausreicht, aber es kommt auch vor, dass wir uns plötzlich schlapp fühlen oder unsere Leistungskurve stark nach unten zeigt.

Unser Körper wurde von der Wissenschaft schon in vielen Details durchleuchtet, und es liegen eine Menge Daten vor. Leider weiß ein Großteil der Bevölkerung nichts von diesen Erkenntnissen. Vielen Menschen sind die Zusammenhänge auch zu kompliziert, um sich näher damit zu befassen. Dabei würden diese offenen Geheimnisse unser Leben deutlich verbessern. Die Resultate der Daten lassen sich auch recht simpel zusammenfassen. Die Kurzversion lautet: Wir verbrauchen unsere Energie teilweise sinnlos, ergo fehlt sie uns bei wichtigen Aufgaben.

Wir werden den ganzen Tag von E-Mails, Push-Nachrichten und anderen Ablenkungen und Aufgaben überhäuft. Am Ende des Tages sind wir häufig dermaßen erledigt, dass alle Kraft aus unserem Körper entwichen ist. Wir sinken erschöpft aufs Sofa und lassen uns nur noch berieseln von Fernsehen, YouTube oder Netflix. Das ist der Grund für den Erfolg vieler seichter TV-Formate: Unser Gehirn will nur noch leicht verdauliche Kost.

Diesem Kreislauf können wir entrinnen, indem wir uns einmal wirklich bewusstmachen, wofür wir unsere Energie verbrauchen und wie viel Energie uns diese Tätigkeit zurückgibt. Fällt die Rechnung negativ aus, sollten wir diese Tätigkeit so weit wie möglich reduzieren.

Die kleinen, hungrigen Biester

Wussten Sie das? In unserem Alltag verstecken sich viele kleine Biester. Sie sind kaum sichtbar, und weil sie es sich gemütlich gemacht haben, bemerken wir sie auch kaum. Ihre Charakteristik ist schnell beschrieben. Sie sind hungrig. Ach was, sie sind gefräßig. Und ihre Lieblingsspeise ist unsere Zeit. Aber diese Plagegeister können oftmals nur überleben, weil wir sie unbedacht füttern. Beispiel gefällig?

Millionen Menschen möchten etwas für ihre Gesundheit tun. Das ist sinnvoll. Dazu besuchen sie ein Fitnessstudio. Sie vielleicht auch? Ein Teil der Menschen quält sich allerdings eher Woche für Woche dahin. Mit welchem Ziel? Sie möchten einfach einigermaßen fit sein bzw. ihre Figur halten oder etwas formen. Sie trainieren vermutlich nicht auf einen Wettkampf. Nachgewiesenermaßen ist ein optimiertes Krafttraining mit zwei- bis dreimal zwanzig Minuten pro Woche ausreichend, um dieses Ziel zu erreichen. Am einfachsten wäre es also, die Übungen zu Hause zu machen. Verständlicherweise finden aber die meisten eine Trainingsumgebung mit Geräten motivierender. Unverständlich wird es jedoch, wenn jemand ins Auto steigt und einen längeren Weg auf sich nimmt, nur um am Ende des Monats ein paar Euro zu sparen, weil das Fitnessstudio um die Ecke zu teuer ist.

Wer also für zweimal die Woche ins Studio mit dem Auto fährt, braucht in der Regel mit An- und Abfahrt, Parken, Umziehen, Duschen und Training pro Besuch ca. 150 Minuten. Sollte der Vorgang also nichts Meditatives oder eine soziale Komponente enthalten, dann verschwenden Sie pro Woche 255 Minuten (300 Minuten Fitnessstudio im Gegensatz zu dreimal fünfzehn Minuten Workout zu Hause oder ca. zweimal 25 Minuten im Studio um die Ecke). Das sind im Jahr über 200 Stunden. Sollten Sie im Beruf erfolgreich sein und vielleicht 40, 50 oder gar 200 Euro die Stunde verdienen, dann vergeuden Sie zudem bis zu 40 000 Euro Verdienst, und zwar für: nichts.

Noch ein Beispiel? Laut Statista kaufen zwölf Prozent der Deutschen fast täglich und 27 Prozent zwischen drei- und viermal pro Woche Lebensmittel ein. Viele Berufstätige erledigen die Einkäufe dann auch noch zu absoluten Stoßzeiten. Der Einkauf im Supermarkt dauert zur Primetime im Schnitt zwanzig bis 35 Minuten. Hinzu kommt noch die Fahrt- bzw. Laufzeit mit rund zwanzig bis dreißig Minuten für den Hin- und Rückweg. Bei einer vorausschauenden Planung und weniger Einkaufsfahrten können Sie sich somit gut und gerne zwei Stunden pro Woche sparen, sprich weitere einhundert Stunden pro Jahr.

Viele Abläufe haben sich in unserem Leben festgesetzt. Wir hinterfragen sie nicht mehr. Wir haben sie vielleicht sogar von unseren Eltern, Freunden oder Kollegen unabsichtlich erlernt. Vielleicht beantworten Sie siebzehn Mal am Tag E-Mails und unterbrechen somit andauernd Ihren Arbeitsfluss oder Sie stehen im Auto täglich im Stau, obwohl Sie mit dem E-Bike die Strecke viel schneller fahren könnten.

Überlegen Sie für einen Moment, welche Abläufe Sie in Ihrem Leben institutionalisiert haben, ohne es zu wollen. All diese Tätigkeiten stehen Ihnen im Weg, wenn Sie Ihre Komfortzone verlassen möchten. Denn immer wieder wird Ihnen Ihre innere Stimme sagen: »Für dein großes Ziel hast du keine Zeit, du musst noch einkaufen, ins Fitnessstudio usw.«

Wie hat es der amerikanische Erfinder und Staatsmann Benjamin Franklin so schön gesagt: »Verlorene Zeit wird nicht wiedergefunden.«

Nachts aufs Klo

Werden Sie zwischen zwei und vier Uhr nachts wach, um auf Toilette zu gehen?

Eine bekannte Krankenkasse schreibt, dass mehr als sechzig Prozent der über Siebzigjährigen nachts mehr als zweimal die Toilette aufsucht, Männer wie Frauen. Auch Jüngere sind betroffen, etwa jeder fünfte bis sechste zwischen zwanzig und vierzig Jahren, überwiegend Frauen. Schlafstörungen, Tagesmüdigkeit, Konzentrationsschwäche und Kopfschmerzen sind nur einige der möglichen Folgen. Keine Frage – wer schlecht schläft, wird nicht viel Kraft für Veränderungen in seinem Leben aufbringen.

Dafür kann es neben medizinischen Ursachen tatsächlich einen weiteren Grund geben. Und der ist in vielen Fällen nicht unbedingt der Harndrang, wie man vermuten möchte. Unsere Ernährung spielt mitunter auch eine wichtige Rolle.

Der Mensch hat in vielen Fällen verlernt, aus Fetten seine Energie zu beziehen. Viel häufiger kommt es vor, dass wir auf Teigwaren und Süßkram, also auf Kohlenhydrate zurückgreifen. Was passiert in diesem Fall? Bei einer kohlenhydratreichen Ernährung schießt der Blutzuckerspiegel zunächst in die Höhe, fällt dann aber immer wieder zügig ab. Es kommt also zu einem »Fresskoma« und anschließend wieder recht schnell zu einem Hungergefühl. Unser Befinden erlebt eine Achterbahnfahrt mit Hochs und Tiefs. Viele Menschen gleichen die Tiefs dann mit Kaffee oder weiteren Kohlenhydraten aus.

Wenn wir abends essen und dann ins Bett gehen, ist das nicht unbedingt die beste Voraussetzung, um gut einzuschlafen, denn ein Körper, der seine Energie aus Kohlenhydraten bezieht, verlangt nach ein paar Stunden wieder Nachschub.

Wenn der Blutzuckerspiegel eine gewisse Grenze unterschreitet, wird eine Art Alarmsignal ausgelöst. Das bedeutet: Ein Teil des Gehirns denkt tatsächlich, dass wir gerade Not leiden. Der Körper reagiert, indem er die sogenannte Gluconeogenese aktiviert.

In diesem Zusammenhang wird auch Cortisol ausgeschüttet. Cortisol ist als Stress-, aber auch Energiehormon bekannt, das wir unter anderem beim Aufwachen ausschütten. Der Körper versucht also, den fallenden Blutzuckerspiegel aufzufangen, schmeißt die Gluconeogenese an, schüttet Cortisol aus, und das lässt uns aufwachen. Wir kommen also in eine leichtere Schlafphase. Wenn wir dann die Augen öffnen, kommt uns der Gedanke, dass wir vielleicht auf Toilette müssen, was wir dann auch tun.

Aber in Wirklichkeit müssen wir eigentlich gar nicht aufs Klo, der wahre Grund ist unser Fettstoffwechsel. Die Umstellung auf eine sogenannte ketogene Ernährung kann womöglich Abhilfe schaffen.

Hierbei wird fast komplett auf Kohlenhydrate (Brot, Nudeln etc.) verzichtet. Auf dem Speiseplan stehen dann Gemüse, gesunde Fettsäuren und Eiweiß. Dadurch soll der Körper gezwungen werden, Energie aus den vorhandenen Fettdepots zu beziehen. Diese extrem zuckerreduzierte Diät kommt auch in der Tumor- und Epilepsietherapie zum Einsatz, da es wissenschaftliche Theorien gibt, die besagen, dass beispielsweise Krebszellen regelrecht aushungern, wenn die Kohlenhydratzufuhr gestoppt wird. Ob das für Sie persönlich der richtige Weg ist, hängt von zahlreichen Faktoren ab, vor allem auch mit der Zusammensetzung Ihres Mikrobioms (Gesamtheit aller Mikroorganismen wie Bakterien, Archaeen, Viren, Pilze und Protozoen).

Eine wie auch immer geartete Diät braucht ein gewisses Maß an Selbstbeherrschung, und, wie wir noch in den folgenden Kapiteln sehen, Sie können sich auch mit kleinen Schritten ans Ziel heranpirschen. Nicht selten ist eine Ernährungsumstellung ein mächtiger »Gamechanger« – und das kann schon mit dem Ausbleiben des vermeintlichen Harndrangs seinen Anfang nehmen.

Zwischenfazit

Auf den vergangenen Seiten haben wir uns angesehen, welche Faktoren uns alle davon abhalten (können), unsere Komfortzone zu verlassen. Es ist sehr wahrscheinlich, dass wir nicht nur von einem dieser Störfaktoren aufgehalten werden, sondern von einer Mischung aus mehreren.

Eine der wichtigsten Erkenntnisse bis hierher: Wir können ein Problem nur lösen, wenn wir seine Ursache kennen. Also ran an die Arbeit! Hier ist eine Auflistung aller Punkte aus Kapitel eins. Nehmen Sie einen Stift zur Hand und kreuzen Sie ehrlich an, was auf Sie persönlich zutrifft.

- Ängste
- Neid, Hass, Wut
- Selbstmitleid
- Trägheitsfalle
- Ablenkung
- Zögern
- geistiger Autopilot
- Prokrastination

- zu hohe Hürden im Kopf
- Erziehung
- Unwissenheit
- Akku wird durch unnötige Aufgaben verbraucht
- Umfeld färbt negativ ab + unstrukturierter Alltag
- Ernährung

Herzlichen Glückwunsch: Sie haben einen sehr wichtigen Schritt getan. Nun werde ich Ihnen verraten, mit welchen Mitteln und kleinen Tricks Sie sich jeden Tag aufs Neue motivieren können, um endlich Ihre Komfortzone zu verlassen.

Was treibt mich an?

Auch wenn viele Ratgeber uns einreden wollen, dass wir nur ein paar einfache Regeln befolgen müssen, um ans Ziel zu gelangen, bleibt jeder Mensch trotzdem ein Individuum. Wir denken unterschiedlich, schmecken unterschiedlich und fühlen unterschiedlich. Wir sind auch nicht alle im gleichen Alter, leben nicht im gleichen Umfeld und sind auch nicht mit den gleichen Fähigkeiten ausgestattet. Weder hilft jedem Menschen die gleiche Diät oder die gleichen Medikamente noch die eine spezielle Art und Weise zu lernen.

Um nur ein Beispiel aus dem vorherigen Kapitel zu nennen: Unser sogenanntes Mikrobiom, also die Gesamtheit aller Mikroorganismen, die unseren Körper besiedeln, besteht je nach Mensch aus 30 bis 40 Billionen dieser Kleinstlebewesen. Nicht jeder Mensch besitzt die gleiche Zusammensetzung. Bakterien und Pilze können sehr verschiedene Eigenschaften haben. Sie helfen uns beispielsweise bei der Verdauung oder wehren Krankheitserreger ab. Wenn bestimmte Bakterienkulturen in unserem Darm gar nicht angesiedelt sind, dann kann es sein, dass wir gewisse Lebensmittel nur sehr schwer verwerten können. Oder noch schlimmer, die Bakterien verwandeln die Nahrung in giftige Abfallprodukte, die bei uns Schmerzen oder Durchfall verursachen. Die Forschung wird noch sehr lange brauchen, bis die Rätsel um die Erforschung des Mikrobioms gelöst sind und wir wirklich verstehen, was im Detail passiert. Gehen Sie aber in jedem Fall davon aus, dass unser gesamtes Handeln stark durch dessen Zusammensetzung beeinflusst wird. Darum kann kein Ratgeber pauschal empfehlen, dass dieses oder jenes gesund für Sie sei.

Und das ist nur ein Grund, warum es für jede Person eine eigene personalisierte Strategie braucht, sei es bei der Ernährung, beim Lernen oder beim Überwinden der Komfortzone. Es ist unmöglich, mit der Gießkanne gute Ratschläge zu verteilen und damit individuelle Erfolge zu erzielen. Und noch weniger können Sie erwarten, dass das Kopieren von Vorgehensweisen Ihres Nachbars bei Ihnen zum selben Ergebnis führt.

Darum habe ich hier Lösungswege und Werkzeuge aufgeführt, die Ihnen helfen können, Ihre Motivation zu stärken und Schranken im Kopf zu überwinden. Vielleicht sind auch Ihre individuellen Trigger dabei.

Zuallererst widmen wir uns jedoch dem Thema Zusammenhänge. Denn nur der, der verstanden hat, wie es zu Blockaden kommt, kann beginnen, sie Stück für Stück zu lösen.

Zusammenhänge erkennen

Komplexere Zusammenhänge zu erkennen ist eine der herausragenden menschlichen Eigenschaften. Dabei geht es nicht um genetisch verankerte Automatismen wie: Ich habe Hunger, also esse ich. Es geht um abstrakte Handlungsstränge.

Ein einfaches Beispiel wäre: Sie arbeiten in einem Autohaus. Wenn Kunden Ihr Geschäft betreten, bieten Sie ihnen eine Tasse Kaffee an, den Sie von Zeit zu Zeit bei einem Feinkosthandel besorgen. Ihr Ziel ist, dass diese potenziellen Käufer letztendlich Geld für ein Produkt oder eine Dienstleistung bezahlen. Von diesem erwirtschafteten Geld gibt Ihnen Ihre Firma etwas ab. Davon bezahlen Sie unter anderem Ihre Miete. Die Investition in den Kaffee steht also, abstrakt gesehen, im Zusammenhang mit Ihrer Behausung.

Wir alle erlernen diese abstrakten Handlungsmuster wie die Wörter unserer Muttersprache. Aber an Wörtern, die wir nicht kennen, scheitern wir. In diesem Kapitel zeige ich deshalb anhand verschiedener Beispiele auf, wie unterschiedlichste Dinge, Verhaltensweisen und Emotionen in einem Verhältnis zueinander stehen können. Vielleicht erkennen Sie nach der Lektüre ja plötzlich ganz klar, wie auch in Ihrem Leben das eine mit dem anderen zusammenhängt.

Welcher Typ Mensch sind Sie?

Wissen Sie, welcher Typ Mensch Sie sind? Was treibt Sie an? Was hält Sie auf? Wovor schrecken Sie zurück?

Für mich ist die Einteilung der Charaktere im sogenannten Vierfarbenmodell eine anschauliche Möglichkeit herauszufinden, nach welchen Regeln und Mustern Menschen denken und handeln. Es ordnet die verschiedenen Charaktereigenschaften der Menschen unterschiedlichen Farben zu. Wer dieses Modell verinnerlicht und versteht, kann sich sehr viel Frust und Streit ersparen. Ganz besonders wichtig ist, dass wir selbst wissen, welche Farben in uns schlummern. Damit können wir unser Verhalten reflektieren und noch viel wichtiger: Wir werden uns der Wirkung unseres Verhaltens bewusst.

Um sich das Modell bildlich vor Augen zu führen, können Sie sich ein Koordinatenkreuz vorstellen. Oben befindet sich der Begriff »rational«, unten der Begriff »emotional«. Die Achse von links nach rechts wird mit den Begriffen »introvertiert« und »extrovertiert« belegt. Jedes Feld zwischen zwei Achsen wird nun mit einer Farbe belegt. Hierzu auch folgende Abbildung:

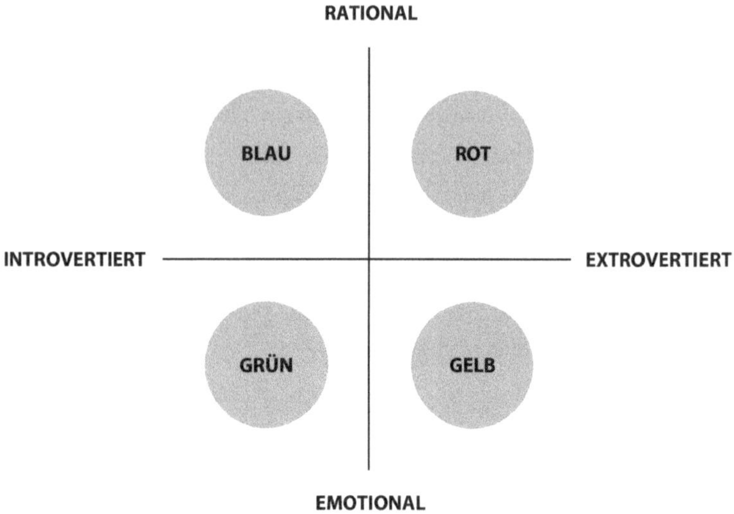

Rote Charaktere sind sehr zielstrebig, selbstbewusst, ungeduldig und bestimmend. Sie sind an Ergebnissen interessiert. Blaue Typen sind distanziert, vorsichtig, sorgfältig, diszipliniert, emotionslos und streben nach Perfektion. Grüne Persönlichkeiten sind ruhig, geduldig, kooperativ, empfindlich und freundlich. Sie wollen ein stabiles Umfeld und Harmonie. Die Gelben sind Optimisten und lebhaft, emotional, gesprächig, sprunghaft und sehnen sich nach Anerkennung.

Die meisten Menschen sind eine Mischung aus allen Farben und tendieren letztendlich mehr in die eine Richtung und weniger in die anderen. Wenn Sie sich nun selber beschreiben müssten: Welchem Typ entsprechen Sie? Wenn Sie eine objektivere Meinung erhalten wollen, dann fragen Sie ein paar Menschen aus Ihrem Umfeld. Am besten anonym über eine dritte Person.

Die Typisierung ist von großer Bedeutung. Es geht nämlich darum, mit welchen Mitteln Sie am besten arbeiten, um Ihre Komfortzone zu verlassen. Und es macht einen erheblichen Unterschied, ob Sie eher rational oder emotional denken oder ob Sie sich Stabilität oder Anerkennung wünschen.

Wenn Sie sich näher und intensiver mit dem Thema auseinandersetzen möchten, dann lege ich Ihnen die Vorträge und Bücher von Gereon Jörn, der sich »der Menschler« nennt, ans Herz.

Schluss mit der Gehirnwäsche

Negative Erfahrungen prägen die Wahrnehmung, oftmals sehr nachhaltig. Ein einfaches Beispiel: Sie betreten eine Behörde und stellen dem ersten Mitarbeiter, an den Sie geraten, eine Frage. Der Mitarbeiter reagiert pampig und gereizt. Sie verlassen frustriert das Gebäude, und Ihr Gehirn merkt sich Folgendes: Die Menschen in dieser Behörde sind unfreundlich.

Diese Prägung geschieht in vielen Fällen unbewusst. Ich behaupte sogar, wir sind einer permanenten Gehirnwäsche ausgesetzt. Wir werden, statistisch gesehen, in vielen Fällen etwas lernen, was gar nicht der Norm entspricht oder die Realität abbildet. Als ausgebildeter Tanzlehrer kann ich unzählige Geschichten darüber erzählen, wie Menschen zwei bis drei Mal in negativer Form mit Tanzen in Berührung kamen und deswegen einem Tanzkurs sehr kritisch gegenüberstanden. Nach einer verlorenen Wette oder gelockt mit dem Versprechen auf andere Annehmlichkeiten wurden diese Menschen (meist Männer) dann ein weiteres Mal in unsere Tanzschule gezerrt – und sind immer wieder total verwundert, wie viel Spaß sie dann dort haben. Warum? Weil wir unter anderem ihre Lieblingslieder spielen, weil wir mit Bewegungen beginnen, die nicht überfordern, weil viel gelacht und an der Bar auch etwas Leckeres getrunken wird.

Was ich damit sagen möchte: Geben Sie sich und anderen eine zweite oder vielleicht dritte Chance, sonst manifestieren Sie in Ihrem Gehirn womöglich falsche Strukturen. Und noch schlimmer: Sie trainieren den Effekt, selbst zu glauben, dass ein einziger kurzer Moment Ihnen die Wahrheit widerspiegelt.

Musik beeinflusst unseren Hormonhaushalt

Eines meiner liebsten Hobbys ist das Klavierspielen. Meine Eltern hatten beide in ihrer Jugend Unterricht genommen und waren sehr musikalisch. Mein Vater lernte sogar noch Geige, und um ein Haar wäre er Musiker geworden. Der Ausbruch des Zweiten Weltkriegs und der damit verbundene Einzug in die Armee haben diese Karriere jedoch verhindert.

Die Liebe zur Musik verschwand aber nie ganz, und so kam es, dass in unserer Wohnung ein Bechstein-Klavier, Baujahr 1924, stand. Es war das Jugendklavier meines Vaters. Ab und an setzten sich meine Eltern an das gute Stück und fingen an, Lieder aus ihrer Jugend wiederzugeben. Insbesondere zu Weihnachten erklangen aus unserer Wohnung dann Stücke wie »Für Elise« oder »Ode an die Freude« aus Beethovens 9. Symphonie. Als Kind konnte ich mich nicht für diese Art der Musik begeistern. Das Instrument als solches fand ich dennoch spannend und ich verspürte eine gewisse Anziehungskraft. Zum Leidwesen unserer Nachbarn, so vermute ich jedenfalls, habe ich mit drei Jahren damit begonnen, das Klavier zu malträtieren.

Musik hatte man es vermutlich nicht nennen können. Meine Eltern ließen mich trotzdem unbeirrt spielen, auch wenn meine »Konzerte« oftmals eine Ewigkeit dauerten. Nach und nach wurde ich besser und erkannte, dass es gewisse Harmonien gab. Wenn ich etwas wissen wollte, haben mir meine Eltern geduldig alle Fragen beantwortet. Was mich im Nachhinein wunderte: Nie haben sie gefragt, ob ich Unterricht haben wolle. Erst später begriff ich ihren Erziehungsansatz. Ich sollte mich frei entwickeln, ohne Zwänge. Ob ihnen das gelungen ist, sei dahingestellt – dazu fragen Sie am besten meine Frau (oder besser auch nicht.)

Als ich von zu Hause ausgezogen war, legte ich mir ein E-Piano zu. Seither habe ich es oft jahrelang nicht angerührt. Doch immer, wenn es kaputt war, ließ ich es umgehend reparieren oder kaufte sogar ein neues.

Die Auslöser bzw. Gründe, dass ich mich immer wieder mit dem Piano beschäftige, sind meist aktuelle Hits oder Musikvideos, die mich musikalisch mitreißen. In solchen Momenten geschah und geschieht etwas Außergewöhnliches mit mir. Ich gerate in wahre Euphorie und taumle innerlich vor Begeisterung. So ähnlich beschreiben übrigens Junkies ihre Emotionen, wenn sie einen LSD-Trip erleben. Nur dass ich nach so einem Hochgefühl nicht in ein Loch falle.

Diese frei gewordene Energie nutze ich dann bewusst, um mich für unliebsame Aufgaben aufzuraffen. Für mich eine Art Anlauf, um meine Komfortzone zu verlassen. Gibt es in Ihrem Leben vielleicht ähnliche Situationen, bei denen Sie persönlich Kraft tanken?

Wie lange dauert es, um eine Veränderung zu manifestieren?

»Täglich Zahnseide benutzen«, predigt mir mein Zahnarzt. »Nur dreimal fünfzehn Minuten Sport pro Woche, und du bist gut trainiert«, sagt unsere Fitnesstrainerin. »Jeden Tag ein Stück Obst«, raten Ernährungswissenschaftler. Ob Gehörtest, Dehnübungen, Feedbackgespräche, Darmkrebsvorsorgeuntersuchungen, Familientelefonate, Meditation, Besuche beim Podologen oder mehr Wasser trinken – eine Aufzählung der Dinge, die wir regelmäßig machen sollten, würde den Rest des Buches locker füllen. Kein Mensch kann diesem Anspruch gerecht werden.

Meine Empfehlung: In längeren Zeiträumen wiederkehrende Pflichten lassen sich mit einem Kalendereintrag im Handy ja noch einigermaßen in den Griff bekommen. Wenn ich bei der Zahnreinigung war, dann mache ich im Anschluss in einem adäquaten Abstand den nächsten Termin aus. Schwerer wird es hingegen, wenn es um die alltäglichen Gewohnheiten geht. Wie sinnvoll wäre es beispielsweise, wenn wir auf Süßigkeiten weitgehend verzichten oder mit einer kurzen Einheit Frühsport in den Tag starten würden? Doch wie lange muss man durchhalten, bis sich solch eine Gewohnheit durchsetzen lässt?

Die Frage treibt die Wissenschaft bis heute um und ist nicht wirklich zufriedenstellend geklärt. Einen ersten Ansatz dazu lieferte Maxwell Maltz in den 1950er Jahren. Er war plastischer Chirurg und beobachtete, dass Patienten rund drei Wochen benötigten, um sich an eine Veränderung wie beispielsweise ihr Antlitz nach einer Nasenkorrektur zu gewöhnen. Ähnlich erging es Patienten, die eine Arm- oder Beinprothese erhielten. 1960 veröffentlichte er einen Bestseller mit dem Titel *Psycho-Cybernetics*. Das Buch verkaufte sich mehr als dreißig Millionen Mal.

Eine seiner vielzitierten Kernthesen lautet: »Diese und viele andere häufig beobachteten Phänomene zeigen, dass es ein Minimum von etwa 21 Tagen erfordert, damit sich ein altes mentales Bild auflöst und sich ein neues bildet.« Zugegebenermaßen lässt der Satz des Chirurgen etwas Interpretationsspielraum. So wollten viele Menschen die Zahl 21 als feste Definition herauslesen und ließen den Begriff »Minimum« einfach weg. Damit wird die Aussage jedoch ziemlich verfälscht.

Es dauerte über fünfzig Jahre, bis eine anerkannte Studie die Ergebnisse von Maxwell Maltz überprüfte. Ein Team um die Gesundheitspsychologin Phillippa Lally vom University College in London veröffentlichte 2010 eine Studie im *European Journal of Social Psychology* zu diesem Thema. Untersucht wurden 96 Personen über einen Zeitraum von mehreren Monaten. Die Aufgabe der Probanden lautete, sich eine gesundheitsfördernde Routine anzueignen. Mindestens 84 Tage am Stück musste diese täglich ausgeführt werden. Einige wählten den Verzehr von Obst, andere entschieden sich für einen kleinen Spaziergang. Lally und ihr Team kamen zu dem Schluss, dass der Mittelwert für Veränderungen von Gewohnheiten bei 66 Tagen lag. Und dieser spiegelt nicht die zahlreichen Ausnahmen wider. Manches können wir ad hoc bzw. relativ schnell verändern. Doch es gibt auch Ausreißer nach oben. In der Londoner Studie lagen die Werte zwischen 18 und 254 Tagen.

Sie spielen in mehreren Filmen die Hauptrolle

Es ist Mittwoch, 10.12 Uhr. In achtzehn Minuten beginnt unsere Chefbesprechung. Die heutigen Themen auf der Agenda lauten: Umsatzvergleiche der Sparten Hip-Hop und Ballett in unserer Tanzschule, eine Kooperationsstudie mit dem Max-Planck-Institut unter Leitung der Psychologin Dr. Julia F. Christensen, Investitionen in unsere Hardware, Beurteilung zur psychischen Belastung in unserem Team und die Planung einer alternativen Weihnachtsfeier im Onlinemodus aufgrund der Corona-Pandemie.

Über diese Punkte werden wir eine bis eineinhalb Stunden diskutieren und entsprechende Entscheidungen treffen. Im Anschluss habe ich ein Meeting mit diversen Handwerkern zum Status quo unseres Tanzschul-Anbaus. Gegen Mittag bin ich zu Hause zum Essen, anschließend werde ich im Homeoffice weiterarbeiten, Hausaufgaben mit den Kindern machen und mit meiner Frau die nächsten Tage planen.

Es sind heute also vier Rollen, in die ich schlüpfe. Einmal der Kollege in der Inhaberrunde, dann der Bauherr und anschließend der Familienvater und zu guter Letzt der Ehemann. Vielleicht werden es fünf, wenn ich noch einkaufen gehe, denn dann »spiele« ich auch noch den Kunden. Jeder Mensch wirkt so gesehen in zahlreichen »Filmen« mit. Manche Menschen bekleiden nur eine oder zwei Rollen, andere sogar über ein Dutzend. In jeder dieser Rollen erleben wir verschiedene Handlungsstränge.

Schreiten Sie einmal vor Ihrem geistigen Auge eine typische Woche ab. Wer sind Sie, und in welche Rollen schlüpfen Sie? Auf welche Herausforderungen treffen Sie? Wie oft kennen Sie den Plot, den Sie spielen, schon im Vorfeld, und wie oft werden Sie kreativ herausgefordert? Und nun zur Kernfrage: Wie oft verlassen Sie, gewollt oder ungewollt, dabei Ihre Komfortzone?

Setzen wir noch eins drauf: Wie oft werden Sie dabei geistig stark gefordert? Sie fragen sich vielleicht: »Worauf will der Autor jetzt hinaus?« Das Stichwort hierzu lautet: Impulse. Wir sind in der Lage, zehn oder mehr Rollen einfach abzuspulen. Wenn Sie sich morgens einen Kaffee aufbrühen oder ein Brot schmieren, dann handeln Sie intuitiv. Sie haben die Bewegungen und Aktionen tausende Male wiederholt. Und genau so kann das bei allen anderen Handlungen in Ihrem Leben auch sein. Wenn Sie dies zufriedenstellt und Sie dabei glücklich sind, dann können Sie das Buch an dieser Stelle zur Seite legen.

Wenn Sie sich hingegen fragen, warum Sie keinen Lebenspartner, neue Bekanntschaften oder einen besseren Job finden oder sich andere Dinge in Ihrem Leben nicht nach Ihren Wünschen verändern, dann könnte das die Ursache sein. Sie spulen Ihr Leben einfach ab. Es passiert nichts Unerwartetes, was Ihr Leben beeinflussen kann. Sie geben dem Lauf des Lebens einfach keine Chance dazu. Sie haben alle Türen für Impulse verschlossen, vielleicht sogar verbarrikadiert. Alle Handlungen für Ihre Rollen sind so gut einstudiert, dass eigentlich nichts Überraschendes passieren kann.

Wer nur wenige Rollen im Leben spielt und sich dabei zusieht, wie er alt wird, bei dem erhöht sich das Risiko, in eine Midlife-Crisis zu rauschen. Ihr Alltag verändert sich nur dann, wenn Sie sich ab und zu aktiv neue Rollen suchen. Damit wächst die Wahrscheinlichkeit, dass neue Impulse Ihr Leben und Denken anregen werden.

Als Tanzlehrer kann ich natürlich nicht anders, als Ihnen an dieser Stelle zu empfehlen, demnächst einen Tanzkurs zu besuchen. Hier schlüpfen Sie auf jeden Fall in eine andere Rolle und durchbrechen gleich auf mehreren Ebenen Ihre Komfortzone. Sie betreten neues Terrain, denn Sie kennen vielleicht weder die Räumlichkeiten, noch haben Sie Ahnung vom Tanzen. Sie sammeln neue Eindrücke und treffen auf neue Menschen. Einige Ihrer Gehirnregionen werden eventuell aus einem Dornröschenschlaf gerissen. Beim Tanzen werden ungewöhnlich viele verschiedene Teile unseres Denkorgans verknüpft. Räumliches Denken, die Verarbeitung akustischer Signale (Musik, Einzählen der Tanzlehrerin, »ungewollte« Hinweise Ihres Partners bzw. Ihrer Partnerin) und die koordinierte Bewegung Ihres Körpers, um nur einige zu nennen. Die Folge: Tanzen macht schlau. Das ist kein einfach dahergeschriebener Satz, sondern wissenschaftlich erwiesen.

Neue Rollen finden Sie natürlich auch in anderen Bereichen, immer dort, wo Sie noch nie zuvor waren. Gehen Sie also raus und riskieren Sie den ersten Schritt auf unbekanntem Terrain.

Der Rhythmus macht die Musik

Wir alle besitzen eine kostbare Gabe. Für mich sogar kostbarer noch als Geld oder Gold. Können Sie sich denken, worauf ich anspiele?

Bei Aktienkursen spricht man von einer bestimmten Volatilität, also Schwankungen. Bei der Aktie ist es der Kurs, welcher schwankt. Auch bei uns Menschen gibt es eine Volatilität. Und zwar in unseren Stimmungen und unserer Leistungsfähigkeit.

Wenn Sie ein Nachtmensch sind, dann haben Sie Ihre beste Schaffensphase vermutlich gegen Abend oder sogar in der Nacht. Arbeiten Sie dann aber überwiegend zu den klassischen Bürozeiten, werden Sie Ihre Potenziale vermutlich nur bedingt ausschöpfen. Das kann gravierende Auswirkungen auf Ihren Marktwert haben. Ihre beruflichen Talente werden sich im schlimmsten Falle nie vollständig entfalten können.

Die Königsdisziplin besteht darin, die allerbesten Schaffensphasen zu erkennen und zu nutzen. Der Zustand des sogenannten Flows beschreibt die kreative Phase, in der man sich ab und an befindet. Wer von sich selber weiß, wann diese Phase beziehungsweise unter welchen Umständen diese Phase eintritt, verfügt über sehr wertvolles Wissen.

Wenn ich morgens aufwache, und das ist in der Regel zwischen sieben und acht Uhr, dann bin ich meist gut gelaunt und spätestens nach dem Frühstück topfit und voller Tatendrang. Ich zähle somit zu den »Lerchen«. Das war nicht immer so. Zwischen Pubertät und Anfang dreißig war ich eine typische »Eule«, also Spätaufsteher. Wann immer es mir möglich war, habe ich bis 10 Uhr, gerne auch mal bis 11 Uhr geschlafen. Meine volle Power habe ich zwischen 18 und 24 Uhr entfalten können. Hier hatte ich auch die besten Einfälle und konnte mich sehr gut konzentrieren. Für meine schulischen Leistungen war das nicht gerade von Vorteil. Ich kann mich noch sehr gut an zahlreiche Müdigkeitsanfälle in Deutsch, Religion oder Physik erinnern.

Meine Berufswahl als Tanzlehrer kam mir dann umso mehr entgegen. Endlich konnte ich nach meinem Wohlfühl-Rhythmus leben! Geändert hat sich dieser dann mit der Geburt unserer Kinder, denn die sind ja bekanntlich gnadenlos und hüpfen auch schon mal zwischen 5 und 6 Uhr morgens im elterlichen Bett und verlangen nach purer Action. Mein Körper hat sich mit den Jahren diesem veränderten Rhythmus angepasst, und heute fühle ich mich damit sehr wohl. Ich stelle mit dieser Entwicklung keine Ausnahme dar. Viele Eltern berichten von ähnlichen Erfahrungen.

Mit den Jahren habe ich mich vom Unterrichten in der Tanzschule zurückgezogen. Statt *im* Unternehmen, habe ich begonnen, *am* Unternehmen zu arbeiten, also ganz nach dem Vorbild des vorher erwähnten Buchautors Mike Fischer. Diesen Wechsel habe ich nach und nach vollzogen. Mit Ende dreißig habe ich mich dann ganz aus dem Tagesgeschäft zurückgezogen.

Zusammenfassend lassen sich meine Berufsjahre wie folgt beschreiben: Anfangs habe ich gemeinsam mit meiner Frau und meinen Geschäftspartnern die Tanzschule aufgebaut. Es gab zunächst keinen großen Mitarbeiterstamm. Wir waren alle als Einzelkämpfer im Unterricht unterwegs; gearbeitet haben wir daher meist ab Nachmittag bis in die Nachtstunden. Durch stetes Wachstum und weil wir weitere Filialen und Unternehmenszweige aufbauen wollten, wurde es notwendig, die Organisation zu stärken. Die Arbeiten hierzu fanden in der Regel zwischen 8 und 17 Uhr statt. Z. B. Vertragsabschlüsse, Verhandlungen, Bankgeschäfte, Besichtigungen, Aus- und Umbauten etc.

Den Grundstein unseres Erfolges haben wir in den ersten Jahren vor allem abends im Unterricht gelegt. Wir mussten zuerst am Markt bestehen und beweisen, dass wir gutes Tanzen anbieten können. Als wir diese Stufe erklommen hatten, wurde es wichtiger, morgens tätig zu werden, um Netzwerke aufzubauen und mit diversen Geschäftspartnern ins Gespräch zu kommen. Nun nahm die Arbeit in der Tanzschule den Zeitraum vom frühen Vormittag bis kurz vor Mitternacht in Anspruch.

Der Wechsel meines Tagesrhythmus hat also perfekt gepasst. Ich hätte natürlich auch weiterhin abends im Kurs stehen können, aber vermutlich wäre die Qualität im Gesamten mit der Zeit gesunken.

Wenn Sie sich nun wiedererkennen, aber nicht die Möglichkeit sehen, sofort Ihren Rhythmus umzustellen, dann lassen Sie sich davon nicht aus der Ruhe bringen. Nicht immer lassen sich alle Gegebenheiten umgehend ändern. Sie sollten sich aber die Frage stellen, ob Ihr Berufsleben wirklich Ihrer inneren Uhr entspricht, und mit der Zeit an den passenden Stellschrauben drehen. Denn wenn Sie immer gegen Ihren natürlichen Tagesrhythmus ankämpfen müssen, kostet Sie das enorm viel Kraft. Und damit lässt sich dann auch die Frage, warum Sie Ihre Komfortzone nicht verlassen können, schnell beantworten: Ihnen fehlt schlicht und ergreifend die Energie dazu.

Wer kontrolliert hier eigentlich wen?

Unser Gehirn wird nicht ganz zu Unrecht als Wunderwerk der Natur bezeichnet. Allerdings weist es auch Schwachstellen auf, wenn es um das Thema Verlassen der Komfortzone geht. Warum ist das so? Um das zu verstehen, ist ein kleiner Exkurs in die Entwicklungsgeschichte des Gehirns unerlässlich.

Unser Oberstübchen hat sich im Laufe der Evolution Stück für Stück weiterentwickelt und ist dabei enorm gewachsen. Ein wichtiger Teil unseres Gehirns ist das sogenannte limbische System. Es arbeitet eng und simultan mit anderen Teilen des Organs zusammen. Darum kann es nicht komplett separiert betrachtet werden.

Das limbische System reagiert quasi automatisch und im Affekt. Wir riechen leckeres Essen und bekommen Appetit. Es brennt, wir rennen weg. Wir sehen ein gefährliches Tier und bekommen Angst. Ohne unser Zutun werden in unserem Körper eine Reihe von Hormonen ausgeschüttet, die dafür sorgen, dass bestimmte Reaktionen ausgelöst werden. Muskeln werden mit Energie versorgt, damit wir schnell wegrennen können usw. Diese Reaktionen können wir uns zum Teil abtrainieren, doch das ist mühsam und gelingt nur bedingt.

Zum limbischen System zählt man unter anderem die sogenannte Amygdala, im Deutschen auch Mandelkern genannt. Die Amygdala gilt entwicklungsgeschichtlich als einer der ältesten Teile unseres Gehirns. Sie existiert einmal in der rechten und einmal in der linken Gehirnhälfte. Die Buchautorin Heidrun Link hat in ihrem Buch *Gehirn an – Stress aus* einen wunderbaren Begriff geprägt. Sie spricht von der »Königin Amygdala«. Warum? Weil uns die Amygdala in vielen Situationen beherrscht. Affekthandlungen wie Angst, Wut oder Erregung gehen beispielsweise von ihr aus. Sie agiert nach dem Prinzip: Erst handeln, dann denken. Und weil sie so schnell handelt, können wir uns dagegen kaum wehren.

Der neuere Teil des Gehirns ist der Kortex, das Großhirn. Es verarbeitet alle Informationen, die auf uns niederprasseln, und trifft Entscheidungen. Nun eine wichtige und zentrale Information, die Sie sich am besten und für immer merken sollten: Alles, was automatisch abläuft, kostet wenig Energie. Also Angst bekommen, loslachen, weil wir etwas Lustiges sehen, ausrechnen, was 2 + 2 ist, oder einen angenehmen Duft riechen. Eine Entscheidung treffen, über ein Problem nachdenken und uns aktiv bewegen kostet hingegen jede Menge Energie. Diese Energie wenden wir nur auf, wenn wir uns davon eine Belohnung versprechen. Wenn es keinen absehbaren Gewinn gibt, dann drosseln wir unsere Bemühungen.

Jetzt erkennen Sie vielleicht schon, warum viele Ratgeber immer wieder darauf hinweisen, wie wichtig es ist, sich Ziele vor Augen zu halten. Man könnte auch einen anderen passenden Vergleich ziehen: In unserem Gehirn arbeiten zwei verschiedene Parteien, die eine große Koalition bilden. Manchmal arbeiten die Parteien zusammen, manchmal gegeneinander. Es wird wie in der richtigen Politik darum gerungen, was letztendlich zu tun ist. Es ist ein Kampf. Manchmal gewinnt das bewusst denkende Ich, also System zwei, und manchmal das Unterbewusstsein, also System eins.

Der Wirtschafts-Nobelpreisträger Daniel Kahneman spricht in seinem Bestseller *Thinking Fast and Slow* ebenfalls von zwei Systemen. Das eine arbeitet schnell und im Affekt. Es verbraucht kaum Energie. Das andere ist langsam, überlegt, wägt ab und hat einen sehr hohen Energiebedarf.

Wenn Sie etwas im Leben erreichen wollen, dann ist immer das zweite, langsame System am Werk. Niemand wird im Affekt und ohne Anstrengung zu einem großartigen Sportler, Musiker, Schriftsteller oder Wissenschaftler. Das langsame System ist in unserer Wahrnehmung unser wahres Ich. Aber wir bestehen nun mal aus beiden Systemen. Wir meinen zwar allzu oft, dass wir jede Entscheidung bewusst treffen. Die Wissenschaft ist sich heute aber einig, dass das eben oftmals nicht der Fall ist.

Stellen Sie sich ein Haus vor, das vor langer Zeit gebaut wurde. Es war schlicht, hatte nur einen Raum, eine Tür, vier Wände und ein Dach. Die Menschen, die es erbaut hatten, wollten sich vor den Widrigkeiten des Wetters und wilden Tieren schützen. Sie schliefen auf dem nackten Erdboden. Doch nach und nach wurde das Haus ausgebaut. Es bekam u. a. einen Ofen und einen Kamin. Eines Tages kam ein Anbau hinzu. Dieser hatte nun richtige Fenster aus Glas, die Wände waren gedämmt und der Fußboden mit Steinzeug gefliest. Dann wurde nochmals erweitert. Ein Neubau auf demselben Grundstück. Es wurde ein Nullemissionshaus mit modernem Bad, Jacuzzi und einer voll ausgestatteten Küche.

Dieses Gebäudeensemble ist vergleichbar mit unserem Gehirn. Die Natur hat zwar immer wieder ausgebaut, aber nie nachgerüstet. Im ursprünglichen Gebäude sieht es immer noch so aus wie zu Urzeiten. Die Bedingungen dort sind unverändert. Wenn wir uns dorthin begeben, dann gelten die Regeln, die dort vorherrschen. Kein Strom, kein fließend Wasser, kein Licht. Ersetzen Sie die drei Punkte einfach mit rationalem Denken, Abgleichen mit Erfahrungswerten und bewusste Entscheidungen treffen. Dann wissen Sie genau, was dort eben nicht möglich ist.

Manipulation

Lassen Sie uns noch weitere Aspekte der zwei Systeme betrachten.

Wenn wir etwas Bekanntes erleben, spüren oder sehen, verfallen wir in einen Zustand kognitiver Leichtigkeit, also System eins. Das geschieht unbewusst. Es kann sich mitunter um eine Täuschung handeln. Hierfür gibt es zahlreiche kleine Tests. Bekannt sind dem Anschein nach simple Rechenaufgaben, aber auch Frage-Antwort-Spiele, bei denen die Testperson zehnmal eine Frage mit »weiß« beantworten muss und zum Schluss heißt es: »Was trinkt die Kuh?« Fast jeder Befragte antwortet jetzt: »Milch«.

Das ist an der Stelle natürlich witzig. Aber auf solche Täuschungen fallen wir auch bei wichtigen Fragen des Lebens herein. Das können Sie immer dann feststellen, wenn Sie beispielsweise bei einem Kauf im Nachhinein erkennen, dass Sie etwas erworben haben, was Sie eigentlich gar nicht brauchen. Marketingexperten beherrschen dieses Wissen und manipulieren uns. Sie legen in unserem Gehirn quasi einen Schalter um. Sie switchen auf System eins. Das gelingt ihnen mit vermeintlichen Argumenten, die uns Vertrauen schenken, mit lustigen Worthülsen, mit Kaufhausmusik oder weihnachtlichen Gerüchen. All das wird durch unser System eins in Bruchteilen einer Sekunde verarbeitet. Vertrautheit, Lachen, Musik und Düfte – alles Impulse, die unser altes, reaktionsschnelles Gehirnareal triggern. Wir verfallen in eine Art hypnotischen Zustand.

Wenn also eine wichtige Entscheidung ansteht, dann wäre es nützlich, alle Vor- und Nachteile schriftlich festzuhalten und konzentriert die einzelnen Punkte abzuwägen. Auch die Sozialen Medien sprechen in den meisten Fällen System eins an. All die witzigen und aufregenden Bilder und Videos bringen uns zum Staunen und Lachen, lösen immer neue Emotionen aus. Auch das ist eine Form von Hypnose. In unserem alltäglichen Sprachgebrauch gibt es unzählige Begriffe, die darauf hindeuten, dass unser System eins eingeschaltet wird. Denken Sie nur an die typische Szene, wenn ein Mann erzählt: »Als sie den Raum betrat, hat es mir die Sprache verschlagen.« Oder die beste Freundin berichtet: »Als er vor mir stand, hab ich nur noch irgendetwas vor mich hingestottert.« Von einem auf den anderen Moment wird der Schalter umgelegt. Von System zwei (bewusstes Denken) auf System eins (unbewusstes und unreflektiertes Denken). Gleiches geschieht, wenn Sie leckeres Essen riechen (Appetit), wenn ein Hund bellt (Angst) usw.

Sind Sie sich darüber im Klaren, dass Ihr Bewusstsein täglich mehrfach manipuliert wird? Man könnte es auch so zusammenfassen: Immer wenn ein Urtrieb ins Spiel kommt, dann laufen wir Gefahr, unsere Kontrolle an unser Unterbewusstsein abzugeben.

Wenn Sie Ihre Komfortzone verlassen möchten, dann kann es überaus hilfreich sein, zu wissen, in welchem Modus Ihr Gehirn gerade läuft. Denn Sie können zwar in Ihrem Leben nicht alles kontrollieren, aber Sie können Ihr Bewusstsein für das Zusammenspiel von System eins und zwei schärfen und lernen, bestimmte Trigger zu erkennen. Und System eins ist nicht immer nur schlecht. Wollen Sie beispielsweise schöpferisch und kreativ wirken und endlich mit der Komposition eines Musikstücks oder dem Schreiben eines Buches vorankommen, dann benötigen Sie in der kreativen Phase eher System eins, um nicht zu verkrampfen. Wenn es beim Feinschliff zum Redigieren oder Lektorieren kommt, dann ist System zwei wieder die bessere Wahl.

Wo liegt nun das Problem?

Als wir noch in Höhlen lebten und Jagen und Sammeln unseren Tagesablauf bestimmte, gab es nie die Gewissheit, ob wir heute oder morgen oder vielleicht sogar erst übermorgen etwas zu essen bekommen werden. Wir mussten immer befürchten zu hungern. Dieser Gedanke ist uns sprichwörtlich ins Blut bzw. in unser limbisches System übergegangen.

Und da liegt der Hund begraben. Sie erinnern sich? Welcher Teil des Gehirns ist der blitzschnelle? Genau: das limbische System. Bevor wir also über etwas Komplexes nachdenken, sagt uns dieser Teil: »Puh, das ist viel zu anstrengend – lass das bitte sein, wenn wir dafür nicht etwas zwischen die Zähne bekommen.«

Je gebildeter und aufgeklärter wir sind, desto stärker wird der langsame Teil, der Kortex. Wir sind in der Lage, das limbische System mit Argumenten zu umgehen oder zu überzeugen. Wir sehen beispielsweise, dass sich ein anstrengendes und langwieriges Studium lohnen kann, weil wir letztendlich über mehr Ressourcen wie Nahrung, Sicherheit und Status verfügen werden.

Gerade auch Kinder sind Opfer dieses Systems. Sie haben ihr bewusstes, langsames System noch nicht ausgebildet. Deshalb können sie die Existenz von Monstern, Geistern oder Schreckgespenstern nicht ausschließen. Das konnte die Menschheit übrigens bis vor Kurzem generell nicht. Doch die Wissenschaft hat uns unzählige Erkenntnisse gebracht. Wir wissen heute, wie ein Blitz und ein Gewitter entstehen. Für uns ist eine Sonnen- oder Mondfinsternis kein Schrecken einer Gottheit mehr, die Zerstörung und Verdammnis bringt. Es ist vielmehr ein Spektakel, dessen wir uns erfreuen, ja sogar darauf hinfiebern. Erst durch die Stärkung der Bewusstmachung der Wahrscheinlichkeit, also durch die Stärkung des langsamen Systems zwei, können gebildete Erwachsene Gefahren einschätzen oder auch ausschließen.

Je gebildeter und aufgeklärter wir sind, desto stärker ist auch unser wortwörtliches Selbstbewusstsein. Wir sind uns unserer selbst bewusst. Dies ist eine der wichtigsten Kernaussagen dieses Buches. Bildung ist einer der wichtigsten Faktoren, wenn nicht sogar der wichtigste, um die Komfortzone zu verlassen. Wir verstehen unsere Ziele besser und auch die Mechanismen, die hinderlich sind, um sie zu erreichen. Je mehr Wissen wir haben, desto klarer werden uns die Wege, die wir gehen müssen.

Ich vergleiche das gerne mit einem Atlas. Als der Freiburger Kartograf Martin Waldseemüller im Jahr 1507 die erste Weltkarte veröffentlichte, auf der die »Neue Welt« eingetragen war, haben die Menschen gestaunt. Das für sie unbekannte Amerika war ein Mysterium, um das sich die abenteuerlichsten Geschichten rankten. Wenn wir sie uns heute ansehen, dann erkennen wir schnell, dass Waldseemüllers Karte sehr unvollständig und fehlerhaft war. Australien, die Antarktis und andere bis dato noch unentdeckte Gebiete der Erde fehlen komplett, und viele Länder sehen aus, als wären sie zu heiß gewaschen worden.

Trotzdem war es ein bedeutender Schritt. Das Bewusstsein, wie die Oberfläche unseres Planeten aussah, wurde neu geprägt. Heute haben wir jeden Winkel unserer Landmassen genau kartografiert. Dank unzähliger Satelliten und mithilfe eines einfachen Handys kann jedes Kind feststellen, wo wir uns auf dem Planeten befinden. Und so verhält es sich auch mit unserem Wissen über die Zusammenhänge unseres Daseins. Je mehr ich weiß, desto eher verstehe ich Zusammenhänge und desto besser kann ich Lösungen für Probleme finden.

Und wo sitzt die Blockade?

Ein geschätzter Kollege von mir leitete jahrelang als angestellter Geschäftsführer eine große Tanzschule. Er ist einer der Menschen, die ich für ihre Talente und Fähigkeiten sehr schätze, ja sogar bewundere. Er hat die Gabe, sich für Themen und Hobbys bis ins kleinste Detail zu begeistern, und er hat es in mancher Kategorie zu wahrer Meisterschaft gebracht. Zudem ist er ein guter Entertainer und hat das Herz an der rechten Stelle.

Im Gegensatz zum Geschäftsführer ist der Inhaber der Tanzschule aber ein ziemlich selbstgefälliger Zeitgenosse. So ein Typ Chef, für den eigentlich niemand arbeiten möchte. Sein Name allerdings strahlt aufgrund seiner tänzerischen und unternehmerischen Erfolge weit über die Stadtgrenzen hinaus, und sein Ego wurde jahrzehntelang immer schön gestreichelt. Aus seinem Elfenbeinturm regiert er wie ein König und behandelt seine Mitarbeiter wie Untertanen – vollkommen aus der Zeit gefallen.

Als ich meinen Kollegen eines Tages fragte, warum er nicht eine eigene Tanzschule eröffne, kam zunächst folgende Antwort: »Hier habe ich ja ein sicheres Gehalt, und meinen Hobbys kann ich auch am Wochenende sehr gut nachgehen.« Beim ersten Gespräch gab ich mich mit der Antwort noch zufrieden, doch je mehr ich die Umstände kennenlernte, desto mehr kamen in mir Zweifel auf.

Ich fragte mich, wie man sich nur so schikanieren lassen kann. Ich bohrte weiter und ermutigte ihn schließlich, den Schritt in die Selbstständigkeit zu wagen. Nach einiger Zeit ergab sich für mich dann folgendes Bild: Der Inhaber hatte seine Position so stark in Szene gesetzt, dass mein Kollege regelrecht Angst vor ihm hatte. Er glaubte, dass sein Chef ihn bei einer Kündigung verklagen könnte, was natürlich vollkommen absurd war. Um seine Angst innerlich zu überdecken, stellte mein Kollege das Gehalt und die angeblichen Freiheiten in den Vordergrund. Doch das war nur eine Ausrede.

Die Geschichte hat aber ein Happy End. Nach rund zwanzig Jahren im Angestelltenverhältnis und dank vieler Ermutigungen seines Umfeldes ist meinem Kollegen letztendlich der Sprung in die Selbstständigkeit gelungen. Und nicht nur das: Er ist auch erfolgreicher denn je, und seine Hobbys haben noch nicht einmal darunter leiden müssen. Ganz im Gegenteil, er konnte sie sogar mit seiner neu gewonnenen Selbstständigkeit verknüpfen.

Vielleicht geht es Ihnen wie vielen anderen Menschen auch. Wir können unsere eigenen Probleme nicht so gut erkennen und analysieren, wie Außenstehende, neutrale Personen das vermögen. Andersherum fällt es uns viel leichter, andere Personen in ihrem Handeln oder auch in ihren Lebensumständen zu beurteilen. Wir sehen manchmal sehr früh, dass die eine oder andere Beziehung zum Scheitern verurteilt ist. Wir erkennen oft klar und deutlich, dass unsere Freunde mit ihrem Job unglücklich sind oder einfach nicht den einen wichtigen Handlungsschritt ausführen, um im Leben weiterzukommen.

Wie oft vernehmen Sie in Ihrem Umfeld Sätze wie »Ich muss unbedingt mal abnehmen oder mehr Sport machen!« oder »Ich mag nicht mehr auf die Arbeit gehen, ich möchte am liebsten kündigen« und denken sich: »Ja, dann mach doch!« Und im nächsten Moment wird Ihnen klar, dass die betreffende Person dazu gar nicht in der Lage ist. Ganz schnell wird Ihnen bewusst, was das Problem ist, denn es gibt Ursachen, die auf der Hand liegen. Am Anfang heißt es schnell »Ja der ist halt zu faul« oder »Die gibt immer schnell auf und morgen jammert sie wieder rum«. Interessanterweise folgt auf eine Nachfrage aber immer eine sehr präzise Analyse. Die Frage ist ja, warum der- oder diejenige zu faul ist oder immer schnell aufgibt.

1969 sang ein selbstbewusstes neunjähriges Mädchen mit Sommersprossen die Textzeilen: »Ich mach' mir die Welt, widdewidde wie sie mir gefällt.« Und so wie Pippi Langstrumpf summt auch unser Gehirn dieses Lied permanent. Wir bauen uns eine Welt, die uns Struktur gibt, denn sonst würden wir an all den Ungereimtheiten im Leben verzweifeln.

Unsere Objektivität wird durch unsere im Kopf festgelegten Programme blockiert. Die Frage lautet also: Wo sitzt die Blockade, wenn wir nicht aus unserer Komfortzone ausbrechen können?

Schlafparalyse

Frühstücken, den Tag kurz besprechen, Mails checken, zur Arbeit fahren, Besprechungen, Telefonate, Mittagessen, Aufträge abarbeiten, nach Hause fahren, Kinder bei den Hausaufgaben helfen, Abendessen, Mails checken, Fernsehen, ins Bett gehen. Sie können die einzelnen Begriffe gerne ersetzen mit Schichtbeginn, Kinder in die Kita bringen, Kochen, Aufräumen, Unterlagen sichten etc. Es sind alles nur Platzhalter.

Solche Tagesabläufe sind Ihnen sicher bekannt. Daran ist grundsätzlich nichts auszusetzen. Wenn Sie allerdings jahrelang auf Autopilot schalten, dann wird Ihr System vielleicht irgendwann von einem ganz hässlichen Knall, gegen ein Hindernis, abrupt gestoppt.

Vor einiger Zeit traf ich eine ehemalige Mitarbeiterin. Wir begrüßten uns mit den üblichen Floskeln. Auf mein »Wie geht's?« antwortete sie: »Wieder gut.« Auf meine Nachfrage hin begann sie ausführlich zu erzählen, was ihr widerfahren war. Ihr Autopilot flog schon eine geraume Zeit ohne Kurskorrekturen vor sich hin. Eines Morgens erwachte sie und wollte aufstehen. Es ging aber nicht. Sie war wach, hellwach. Ihre Beine waren aber wie gelähmt, ihr Körper schmerzte.

Sich morgens nicht bewegen zu können, obwohl wir nicht verletzt sind, ist unter dem Begriff »Schlafparalyse« bekannt. Sie ist dadurch bedingt, dass unser Körper während des Tiefschlafs die Muskeln blockiert, damit wir die Bewegungen in Träumen nicht in die Realität umsetzen. Rund vierzig Prozent aller Menschen erleben diesen Zustand mindestens einmal in ihrem Leben. Acht bis zehn Prozent leiden häufiger unter diesem Phänomen und müssen sogar medikamentös behandelt werden.

Ursachen können Vererbung, ein traumatisches Erlebnis oder erhöhter Stress sein. Bei meiner ehemaligen Mitarbeiterin war es letzteres. Sie kam jahrelang nicht zur Ruhe und spulte die Tagesabläufe ohne Sinn und Verstand einfach ab. Für ihr Gefühl befand sie sich selbst in einer Komfortzone. Sie wollte ihr Leben und ihren Tagesrhythmus nicht hinterfragen.

So weit sollten Sie es nicht kommen lassen, denn oftmals folgt nach solch einem Aufprall eine lange und schmerzliche Lebensphase, die mitunter in eine Depression führen kann.

Dr. House lässt grüßen

Meine Mutter ist Ärztin. Vor nunmehr zwanzig Jahren ist sie in den wohlverdienten Ruhestand gegangen. Ihr Spezialgebiet war die Nuklearmedizin mit Fokus auf Schilddrüsenpatienten. Als Sohn bekam ich natürlich immer mit, wenn es den einen oder anderen spektakulären Fall im Krankenhaus gab.

Ich kann mich noch gut daran erinnern, wie sie einmal von einem Mann erzählte, der über anhaltende Müdigkeit klagte. Er fühlte sich permanent schwach, und das schon seit Jahren. Eine Blutuntersuchung wies letzten Endes auf einen Kaliummangel hin. Doch niemand konnte sich zunächst erklären, wie dieser zustande gekommen sein konnte, denn nach eigener Aussage nahm der Mann ausreichend Obst und andere kaliumhaltige Lebensmittel zu sich.

Durch einen Zufall kam dann etwas wirklich Spektakuläres heraus. Vermutlich war das so ein Fall, den wir normalerweise in der Fernsehserie Dr. House erwartet hätten. Es stellte sich heraus, dass der Mann jeden Abend zwei große Packungen Lakritz zu sich nahm. Das darin enthaltene Glycyrrhizin kann bei übermäßigem Verzehr die Wirkung von Medikamenten verändern. Es beeinflusst die Enzyme der Leber und führt zu einer Überproduktion der Hormone Kortisol und Aldosteron. Dadurch wurde bei diesem Patienten die Signalkette der Hormone gestört, was den Kaliummangel verursachte.

Menschen, die unter einer Unterfunktion der Schilddrüse leiden, ergeht es ähnlich. Sie fühlen sich schlapp und antriebslos. Immer wieder kamen Menschen zu meiner Mutter, die solche Symptome schon jahrelang mit sich herumschleppten und schlicht verdrängten.

Ob wir die Komfortzone verlassen können oder nicht, entscheidet daher auch unser Gesundheitszustand. Wer unter einer hormonellen Störung leidet, kann eventuell gar nicht in der Lage sein, sich selbst zu motivieren beziehungsweise seine Komfortzone zu verlassen. Und wie Sie jetzt gelernt haben – zügeln Sie Ihren Lakritzkonsum!

Warum Jungs anfangen zu kochen und französische Kinder gerne Deutsch lernen

Unsere damals elf und vierzehn Jahre alten Söhne hatten sich zu Weihnachten ein Kochbuch gewünscht. Meine Frau und ich haben auf diesen Wunsch zunächst sehr verwundert reagiert. Was wollen zwei (vor-)pubertierende Jungs denn mit einem Kochbuch anfangen?

Zwar haben sie sich im Kindesalter, etwa mit fünf und sechs Jahren, ab und an fürs weihnachtliche Backen begeistern können, aber eine große Karriere als Köche hatten wir bis zu diesem Zeitpunkt bei ihnen nicht vermutet. Selten habe ich die beiden so voller Inbrunst um ein Buchgeschenk betteln sehen.

Als ich in der Stadt war, um in der Buchhandlung das besagte Buch zu kaufen, wusste die Verkäuferin sofort, wovon die Rede war. Rob hieß der Buchautor, der mit seinem Werk anscheinend einen absoluten Bestseller geschrieben hatte. Der Name war mir bis dato unbekannt. Dazu müssen Sie wissen, dass auch Rob keine großen Kochkenntnisse besaß. Vielmehr experimentierte er mit Pfannkuchen, Toastbrot, Käse, Salami, Schokosaucen und allem, was schön fettig, süß oder herzhaft war – ganz im Geiste von Pizza Hut, McDonalds und Co.

Seine teils skurrilen Kochexperimente führte er in der elterlichen Küche durch. Hierzu quälte er Toaster, Waffeleisen, Rührstäbe und andere Haushaltsgeräte zu Höchstleistungen. Sein Treiben filmte er und veröffentlichte es fleißig auf YouTube. Und das bescherte ihm ein Millionenpublikum. Irgendwann wurden die Experimente professioneller, und es gab mehr und mehr ansehnliche Ergebnisse. Schließlich reifte in ihm der Gedanke, all seine Ideen in einem Buch zu verewigen. Das Ergebnis kann sich wirklich sehen lassen. Ein sehr gelungenes Werk mit perfekt in Szene gesetzten Texten und Bildern.

Man mag über den ernährungsphysiologischen Wert der Speisen denken, was man will. Eines hat CrispyRob, so sein Künstlername, mit seiner Publikation jedoch bewirkt: Junge Menschen, vorwiegend männlichen Geschlechts, verirren sich in die Küche und bereiten ihr Essen mit großem Eifer selbst zu.

Eine ähnliche Geschichte trug sich 2005 zu und brachte Deutschlehrer in ganz Frankreich zum Staunen. Das bisher ungeliebte Fach erfreute sich von einem auf den anderen Tag großer Beliebtheit. Vor allem Mädchen dürsteten nach Wissen und wollten ganze Textpassagen der deutschen Sprache übersetzt wissen. Man stelle sich die verdutzten Gesichter der Lehrkräfte vor. Einige wähnten sich vermutlich in einem Paralleluniversum. Jahrzehntelang galt ihr Fach in vielerlei Hinsicht als Strafe. Bis Mitte der 1950er war Deutsch die Sprache des Feindes. Auch danach hielt sich der Jubel in Grenzen. Schwere, teils undurchsichtige Grammatik, jede Menge Ausnahmen und dazu noch diese Aussprache!

Und plötzlich eine Kehrtwende aus dem Nichts? Nicht ganz. 2005 traten vier junge Männer aus dem Raum Magdeburg in die Öffentlichkeit. Mit ihrem Debütalbum »Schrei« und dem ausgekoppelten Hit »Durch den Monsun« stürmten die vier Teenager nicht nur die Charts in Europa, sondern auch in die Herzen zahlreicher junger Mädchen. Ihr Auftreten und der neue, avantgardistische Look trafen den damaligen Zeitgeist.

Von diesen Geschichten können wir etwas Wichtiges lernen. Es gibt Wege und Mittel, Menschen zu motivieren. Wir müssen nur die richtigen Knöpfe drücken, und schon passiert ein scheinbares Wunder. Ich bin überzeugt, dass wir Schule und Lernen in dieser Hinsicht stark und positiv beeinflussen könnten. Ihre Aufgabe ist es, herauszufinden, ob es nicht auch in Ihrem Leben solche versteckten Trigger gibt.

Wie wir relevante Schaltstellen im Gehirn erreichen

Wer kennt nicht Weisheiten wie »Kritik ist ein Geschenk«? Doch es gibt Unterschiede zwischen kennen, verstehen und umsetzen können.

Stellen wir uns diese Weisheiten wie Programme vor, die allseits bekannt sind. Sie sind allerdings nicht automatisch auf unserer Festplatte installiert. Für den einen sind sie leicht zugänglich, und eine Verankerung ist simpel. Für den anderen ist es schwer. Die Programme stürzen andauernd ab oder lassen sich einfach nicht installieren.

Ich verrate Ihnen ein Mysterium: Bewegung ist gesund. Und weil Sie mir am Herzen liegen, gehe ich noch einen Schritt weiter: Zu wenig Schlaf verkürzt das Leben, zu viel Alkohol schädigt die Leber, Lügen haben kurze Beine, zu viel Bildschirmzeit verdirbt die Augen, nur am Vortag für eine Klausur zu lernen bringt wenig, ein offenes Gespräch wirkt Wunder. Okay, ich höre auf, Sie haben verstanden. Diese Sätze kennen wir alle. Aber obwohl wir sie kennen, handeln wir nicht danach. Woran liegt das? Die Erklärung hierfür ist nicht auf den ersten Blick erkennbar. Wenn ich Ihnen in den folgenden Zeilen das »Geheimnis« für die Umsetzung verrate, dann werden Sie sagen: »Eigentlich kenne ich das schon.« Aber genau hier liegt der Kern des Problems. Wie eingangs schon erwähnt: Es gibt einen Unterschied zwischen kennen, verstehen und umsetzen können. Denn noch einmal: Selbst, wenn Sie es verstehen, heißt das noch lange nicht, dass Sie es auch umsetzen können oder wollen.

Also gehen wir der Sache auf den Grund. Wenn Sie eine Information hören und imstande sind, diese langfristig zu behalten, dann werden in Ihrem Gehirn eine bzw. mehrere Synapsen gebildet. Nehmen wir ein einfaches Beispiel. Sie lesen in einer Zeitschrift ein Sprichwort wie: »In der Ruhe liegt die Kraft.« Das leuchtet ein. Wenn wir hektisch und nervös sind, schwindet die Konzentration. Wir machen Fehler. Angenommen, Sie hätten dieses Sprichwort vorab noch nie gehört, dann würde sich nun besagte Synapse bilden. Diese Synapse stellen wir uns mal wie einen einzelnen Faden vor.

Nun verändern wir die Szenerie. Sie haben eine Reise nach New York gebucht. Dort angekommen besuchen Sie die üblichen Touristenattraktionen. Unter anderem das Hauptquartier der Vereinten Nationen. Wie der Zufall es will, findet dort zu diesem Zeitpunkt ein internationaler Friedenskongress statt. Sie haben Glück, denn nur wenige Besucher sind zugelassen. Durch einen weiteren Zufall hatten Sie die Karten schon einige Wochen zuvor gebucht. Im Foyer spielt sich dann folgende Szene ab: Der Dalai Lama und ein Begleiter betreten den Raum. Die beiden Männer schreiten nur knapp zwei Meter an Ihnen vorbei. Sie sind beeindruckt und können den Moment kaum begreifen. Plötzlich muss Seine Heiligkeit niesen. Sie reagieren blitzschnell und bieten ein Taschentuch an, das der Dalai Lama dankend annimmt. Sie lächeln, er lächelt. Er möchte wissen, woher Sie kommen. Und was für ein Zufall – mit diesem Ort verbindet der Dalai Lama ganz besondere Erlebnisse! Es entwickelt sich eine herzliche Konversation. Sie werden auf einen Tee eingeladen. Im Verlauf des weiteren Gesprächs erfahren Sie von den Schwierigkeiten, mit denen das geistige Oberhaupt der Tibeter zu kämpfen hat. Sie sind aufgeregt und dennoch neugierig. Und dann möchten Sie wissen, wie der Dalai Lama mit all diesen Unwägbarkeiten zurechtkommt. Er erzählt hierzu Anekdoten, denen Sie aufmerksam lauschen. Ganz zum Schluss fasst er dann alles mit nur einem Satz zusammen und sagt: »In der Ruhe liegt die Kraft – wenn Sie das verstanden haben, wird sich Ihr Leben ändern.«

Was passiert nun in Ihrem Gehirn? Bildet sich auch hier die Synapse wie vorher? Nein. Es bilden sich unzählige Synapsen. Und diese verbinden sich auch noch miteinander. Dieser Satz wird vielleicht sogar der Kern all Ihres Denkens und Handelns werden. Sie können davon ausgehen, dass Sie diese Begegnung und diese Worte bis zu Ihrem Lebensende in Ihrem Gehirn konservieren und verankern. Das ist praktisch unauslöschbar. Anders als in der Zeitschrift verbinden Sie nun mit dem Sprichwort eine Fülle von Emotionen und Erinnerungen. Das ist dann auch nicht mehr ein einzelner Faden, sondern ein dichtes Netz.

Es ist allerdings davon auszugehen, dass Ihnen das Schicksal nicht laufend solche Begegnungen schenkt. Vielleicht sogar nur einmal im Leben. Aber Sie können von dieser frei erfundenen Geschichte eines mitnehmen: den Bauplan für eine gelungene Verankerung in Ihrem Gehirn. Wenn Sie also eine Veränderung in Ihrem Alltag herbeiführen möchten, dann müssen Sie die Grundsätze verstehen, wie unser menschliches, neuronales Netz aufgebaut werden kann.

Sie verankern Grundsätze nur mit nachhaltigen und eindrucksvollen Erlebnissen. Nicht ohne Grund reisen Menschen nach Indien, um innere Ruhe oder eine spirituelle Erleuchtung zu finden. Ich habe Bekannte, die in die USA fliegen, um zu lernen, wie sie bessere Reden halten. Alles, was sie dort erfahren, könnten sie mit ein paar Klicks auf YouTube finden. Und das wissen sie auch noch. Sie bezahlen trotzdem lieber 5000 Dollar oder mehr und fliegen um die halbe Welt, um es live zu hören und zu erfahren. Und warum? Weil das erworbene Wissen mit vielen Mühen, hohen Kosten und zahlreichen Erinnerungen im Gehirn nachhaltiger verknüpft wird als beim passiven, mit sehr wenigen zusätzlichen Reizen versehenes, Anschauen eines Internetvideos.

Wären wir also fähig, unsere neuronalen Netze ohne Erlebnisse zu knüpfen, würden wir entwicklungsgeschichtlich sehr schnell auf eine höhere Ebene klettern. Doch das sind wir nicht. Uns bleibt also nur der Weg, unsere Komfortzone zu verlassen, um so mit jedem neuen Erlebnis ein weiteres Stück zu wachsen.

Die Kraft der Selbstbestimmung

Die Motivationsforscher Richard M. Ryan und Edward L. Deci fanden Anfang der 1990er Jahre folgendes heraus: Selbstbestimmung ist eine der entscheidenden Komponenten für ein glückliches Leben. Wer fremdbestimmt ist, versinkt häufig in träge Verhaltensmuster. Manche Menschen reagieren depressiv, andere aggressiv und andere wiederum werden phlegmatisch. Und selbst, wenn wir uns eigentlich für ein Thema interessieren würden – wenn wir fremdbestimmt hingeführt werden, nimmt unsere Neugier nach Wissen deutlich ab.

Ein gutes Beispiel hierfür ist die Schule. In den ersten ein, zwei Grundschulklassen sind die Kinder neugierig, und sie konnten zuvor ihre Einschulung kaum erwarten. Glücksgefühle und eine Aufregung wie an Weihnachten sind zu beobachten. Doch diese Freude verfliegt ziemlich schnell. Warum? Weil die Kinder nicht mehr selbstbestimmt sind. Sie bewegen sich in einem engen Korsett von bestimmten Zeitkorridoren und werden unter Androhung schlechter Noten zu ihrem »Glück« in Form von Lernerfolgen genötigt. Und obwohl diese Muster in der Psychologie seit Jahrzehnten bekannt und erforscht sind, hat sich am Unterricht in unserem Land nicht viel verändert. Sind Kleinkinder noch intrinsisch hoch motiviert und wollen mit großem Eifer lernen, beginnt mit der Schule eine Art Zwang, gegen den sich unsere menschliche Natur wehrt.

Letztlich geht es bei der Selbstbestimmung um die Möglichkeit der Entfaltung. Und das gilt für alle Lebensbereiche. Auch bei mir selbst habe ich festgestellt, dass ich als selbstständiger Unternehmer glücklicher bin als vorab in meinem Angestelltenverhältnis. »The sky is the limit« – diese Maxime klingt immer leicht größenwahnsinnig. Aber es geht nicht so sehr darum, den Himmel auch zu erreichen (es sei denn, Sie heißen Elon Musk, Sir Richard Branson oder Jeff Bezos), sondern darum, dass die Möglichkeit hierzu besteht. Für diese Selbstbestimmung arbeite ich auch gerne sechzig oder siebzig Stunden in der Woche anstatt 35 oder vierzig.

Das muss Ihnen natürlich nicht auch so gehen. Wichtig ist allein, dass Sie Ihr Leben in seiner aktuellen Form selbst gewählt haben und dass Sie es stets nach Bedarf anpassen können.

Wie lange kann ich mich konzentrieren?

Konzentration ist ein wichtiges Instrument in unserem mentalen Kopforchester. Ohne Konzentration gelingt uns nicht viel. Sie ist ein wichtiger Schlüssel zum Erfolg. Doch wie lange kann man sich eigentlich am Stück konzentrieren?

Nicht wenige Menschen befinden sich in einem täglichen Hamsterrad und werden aufgerieben zwischen Beruf, Familie und anderen Verpflichtungen. Es läuft auf einen Teufelskreis hinaus, der geprägt ist von Stress, Antriebslosigkeit und Ermüdung. Würden Sie behaupten, dass es in solch einem Zustand möglich ist, etwas im Leben zu erreichen? Vermutlich nicht. Wer sich in dieser Situation befindet, wird noch nicht einmal die Zeit haben, ein Buch wie dieses zu lesen oder andere Wege zu suchen, um einen einmal eingeschlagenen Pfad zu verlassen.

Im Endeffekt werden bei Müdigkeit selbst die Arbeiten, zu denen wir uns noch aufraffen können, nicht besonders sorgfältig erledigt. Arbeitspsychologen und Neurowissenschaftler sind sich einig: Kürzere Arbeitszeiten erhöhen die Produktivität. Der Durchschnittsmensch kann ca. vier bis sechs Stunden konzentriert Aufgaben erledigen. Hiervon gibt es auch zahlreiche Ausnahmen. Menschen, die unter ADHS leiden, und das gilt auch für Erwachsene, sind nicht in der Lage, sich eine Stunde am Stück zu konzentrieren. Sie verfügen über zu wenige Botenstoffe im Gehirn, um Gedanken zu Ende zu denken. Natürlich gibt es auch das Gegenteil – wahre Konzentrationsgenies. Man denke nur an Ärzte, die bis zu zwölf Stunden am Stück Operationen durchführen und dabei fehlerlos arbeiten können.

Doch egal, ob am Anfang oder am Ende der Skala: Bei jedem Menschen ist die Leistungsfähigkeit im Gehirn endlich. Bei Überlastung tritt eine Art Schutzmechanismus ein, um eine totale Reizüberflutung zu vermeiden und notwendige Funktionen zu erhalten. Im Zuge dessen werden Informationen entweder entsorgt, vergessen oder einfach nicht mehr bearbeitet. Es ist sinnvoll und äußerst hilfreich, diese Grenzen der Leistungsfähigkeit bei sich selbst aktiv zu messen. Das gelingt nicht nebenbei. Sie benötigen eine auf Sie gerichtete Beobachtungsstrategie inklusive faktenbasierter Notizen.

Messen Sie für eine Woche Ihre Hochleistungsphasen und Ihre mentalen Tiefpunkte. So erhalten Sie exakte Werte über Ihre Stärken und Schwächen im Zusammenhang mit Ihrer Konzentrationsfähigkeit.

Arbeitgeber wie Toyota und Amazon haben sich darauf eingestellt und in manchen Abteilungen die Dreißig-Stunden-Woche eingeführt. Die britische Firma Vochercloud wollte noch mehr Informationen zu diesem Thema sammeln und startete eine wissenschaftlich begleitete Studie im eigenen Unternehmen.

Dieser Studie zufolge arbeiten die eigenen Mitarbeiter an einem Acht-Stunden-Tag effektiv nur zwei Stunden und 53 Minuten.

Darum ist der Ansatz, die dreißig Stunden auf vier Tage zu verteilen, nicht so sinnvoll wie eine Fünftagewoche mit jeweils sechs Stunden. Andere Studien haben herausgefunden, dass durchschnittliche Konzentrationsphasen ca. siebzig bis achtzig Minuten andauern, bevor das Gehirn in den darauffolgenden zwanzig Minuten die Leistung zurückfährt.

Am erfolgreichsten arbeiten Menschen übrigens, wenn sie den Pausenrhythmus selbst bestimmen können. Darum auch hier die Empfehlung: Messen Sie Ihre individuelle Leistungskurve und verlassen Sie sich nicht blind auf Studien. Finden Sie heraus, wie Sie »ticken«. Vielleicht gehören Sie ja sogar zu den Menschen, denen ein sogenannter polyphasischer Schlafrhythmus ausreicht. Leonardo da Vinci, Napoleon und George Washington sollen angeblich nur zwei bis drei Stunden pro 24 Stunden geschlafen haben, verteilt auf zwanzigminütige Nickerchen.

Der Fisch, der auf Bäume klettern sollte

Seit drei Stunden sitzt mein jüngerer Sohn, mitten in der Pubertät angelangt, hoch konzentriert am Bildschirm. Er trainiert seine Fingerfertigkeit bei »Fortnite«, einem der weltweit beliebtesten Computerspiele. Bei international besetzten Turnieren werden Preisgelder in Millionenhöhe ausgeschüttet. Eine ganze Generation Jugendlicher ist quasi »infiziert«.

Wenn ich zu spielen versuche, dann rennt mein Avatar wie ein orientierungsloser Zombie durch die Pampa und wird schon nach wenigen Augenblicken Opfer eines Gegners. Trotz zahlreicher gut gemeinter Instruktionen kann ich den Sequenzen im Spiel nicht besonders gut folgen. Hinter den knapp zwanzig Tasten, Joysticks, Knöpfen und sog. »D-Pads« des Controllers, verstecken sich gefühlt eine Million Kombinationen, um eine bestimmte Aktion auszuführen. Mein Sohn ist in der Lage, zehn Aktionen pro Sekunde zu bewerkstelligen, vielleicht sind es auch mehr. Aus diesem Blickwinkel heraus kann ich als Außenstehender nur staunen. Mir erscheinen die Fähigkeiten meines Sohnes als Talent. Er bestreitet dies vehement, andere seien ja noch viel besser.

Ein ganz anderes Bild zeichnet sich ab, wenn es um die Erledigung der Hausaufgaben oder die Schule im Allgemeinen geht. Aus drei Stunden meisterhafter Hochkonzentration werden im Schnitt fünf bis zehn Minuten effektive, zielgerichtete Arbeit destilliert. Jede kleine Ablenkung unterbricht seinen Gedankenfluss. Ein Textabschnitt von 200 Wörtern wird zu einer unüberbrückbaren Hürde. Sowohl beim Lesen als auch beim Verstehen des Inhalts. Es scheint, als wäre ein anderes Kind anwesend. Wie ist ein solcher Gegensatz zu erklären? Psychologen sprechen von ADS, dem sogenannten Aufmerksamkeitsdefizitsyndrom.

Von ADS Betroffene sind schnell ablenkbar, unterbrechen ihre Aufgaben häufig und schieben Unerledigtes gerne vor sich her. Fehlende Impulskontrolle führt zu Ungeduld und niedriger Frustrationsschwelle. Alle Tätigkeiten, die nur mäßig interessant erscheinen, werden als lästig empfunden.

Ich habe einmal eine Darstellung gesehen, die eindrücklich visualisierte, warum ein ADS-geprägter Mensch so große Probleme in unserer technisierten und »verschulten« Welt hat. Links auf dem Bild war ein Gehirn zu sehen, in dessen Inneren eine farbenfrohe Explosion von geschwungenen Linien erkennbar war. Rechts im Bild war eine Reihe mathematischer Gleichungen abgebildet. Alles unheimlich akkurat, geradlinig und in Grau gehalten. Auf einen Blick war zu sehen, dass diese beiden Teile nicht zusammenpassen.

Menschen mit ADS können sich unter enormer Anstrengung bestimmte Fähigkeiten antrainieren, sie können auch bestimmte Defizite kaschieren. Sie werden aber nie einem mathematisch geprägten Gehirn nacheifern können.

Aber ist eine solche Konditionierung überhaupt sinnvoll und wünschenswert? Unser Bildungssystem möchte durch Benotung unsere Leistung erkennbar machen. Dabei wird völlig außer Acht gelassen, dass Diversität ein Qualitätsmerkmal ist. Wenn alle Menschen ausschließlich in Mathematik und Physik genial wären, dann gäbe es beispielsweise keine Kunst und keine Unterhaltung mehr.

Vielleicht sehen wir Diagnosen wie ADS in Zukunft nicht mehr als Defizit, sondern als Chance und pressen Menschen nicht mit aller Gewalt in Schemata, nur damit wir ihre Leistung messen können. Und um auf die Überschrift des Kapitels zurückzukommen – lassen Sie sich nicht aufhalten, nur weil Sie »andere« Fähigkeiten besitzen. Vielleicht waren Sie bisher nur der Fisch, der auf Bäume klettern sollte.

Einfache Entscheidung – schlechtes Leben, komplexe Entscheidung – gutes Leben?

Je nach Zählweise kommen Hirnforscher zu dem Schluss, dass wir Menschen täglich zwischen 20 000 und 100 000 Entscheidungen treffen. Die meisten davon werden unbewusst getroffen. Dazu zählen auch kleinste Handlungen wie: »Kratze ich mich mit der linken oder mit der rechten Hand an der Nase?« Wichtigere Belange wie der An- oder Verkauf von Aktien oder das Urlaubsziel im Sommer stellen nur einen Bruchteil unserer Entscheidungen dar. Allerdings sind es auch hier einige pro Tag. Wie ist in diesem Zusammenhang nun die Überschrift des Kapitels zu verstehen? Was sind denn überhaupt einfache, was sind schwere Entscheidungen?

In der Regel können wir uns schnell für Tätigkeiten entscheiden, die entweder auf der Hand liegen oder die uns wenig Mühe und Kraft kosten. Stehen wir beim Bäcker an der Theke und es gibt nur noch zwei Brotsorten zur Auswahl, wobei wir gegen die eine allergisch sind, dann brauchen wir keine Sekunde für eine klare und eindeutige Entscheidung. Doch von dieser Art der Abwägung spreche ich hier nicht. Es geht darum, morgens um 6 Uhr in der Kälte zu joggen, um fit zu bleiben, oder sich lieber noch einmal im Bett umzudrehen. Oder darum, sich abends vor dem Fernseher berieseln zu lassen, statt eine Fortbildung zu absolvieren, um den eigenen Horizont zu erweitern.

Und doch wäre es zu einfach zu behaupten, schwere Entscheidungen führten grundsätzlich zu einem besseren Leben. Es geht nicht wirklich um entweder oder, sondern um die richtige Mischung. Und die muss jeder für sich selbst finden.

Die meisten Menschen fühlen sich auf lange Sicht zufriedener, wenn sie sich für die komplizierter empfundene Option entscheiden. Das liegt natürlich am Ergebnis und den daraus folgenden Konsequenzen. Und doch gönnen sich auch die engagiertesten Menschen regelmäßige Pausen. Das kann der eine Tag im Monat sein, an dem wir alles dürfen, egal wie ungesund es ist. Oder der Sonntagmorgen, an dem der Wecker Pause hat und wir uns in irgendwelche gemütlichen Gammelklamotten werfen. Auf diese Weise gibt es immer ein Highlight, auf das wir uns freuen können und das unseren Durchhaltewillen steigert. Gleichzeitig gönnen wir unserem Körper und unserem Geist auf diese Weise eine Erholung. Denn genauso, wie ein

Leben der ausschließlich einfachen Entscheidungen über kurz oder lang zum Frust führt, nichts erreicht zu haben, endet der Weg der ausschließlich schweren Entscheidungen für viele Menschen in der völligen geistigen und körperlichen Erschöpfung.

Vorhandene Gehirnstrukturen nutzen

Eines der besten Grundprinzipien guten Unterrichts ist der Aufbau auf schon vorhandenem Wissen. Und das bezieht sich nicht nur aufs Tanzen, sondern gilt universell. Beim Tanzen lässt sich allerdings sehr gut erklären, worauf ich hinausmöchte. Menschen, die einen Tanzkurs besuchen, kommen mit einem breiten Spektrum an vorhandenen Kenntnissen in die erste Unterrichtsstunde. Sie wissen es nur nicht. Tanzen ist letztendlich nichts anderes als die Aneinanderreihung von bestimmten Bewegungsmustern. Und eben diese sind in unserem Gehirn schon abgespeichert. Man muss sie nur reaktivieren bzw. in einer neuen Abfolge kombinieren. Zum Beispiel können wir im Normalfall alle auf zwei Beinen laufen. Vorwärts, rückwärts und seitwärts. Wir können uns auch alle nach links oder nach rechts drehen. Und wir sind alle in der Lage, bestimmte Körperteile separat zu bewegen, z. B. linken Arm heben, Kopf nach links drehen usw.

Die Kunst besteht nun darin, Erklärungen so zu gestalten, dass sich im Kopf der Teilnehmenden ein vorhandenes Bild abrufen lässt. Sage ich etwa: »Belasten Sie den vorderen Fuß mit zwanzig bis fünfzig Prozent Ihres Körpergewichts, bilden Sie einen 120-Grad-Winkel in den gebeugten Knien, rotieren Sie dabei mit der Hüfte im gleichen Winkel zu Ihren Fußspitzen und versuchen Sie oberhalb des Bauchnabels den Rumpf gegenzusteuern«, dann formt sich im Normalfall in den Köpfen der Tanzpaare das schöne deutsche Fragewort mit den zwei Buchstaben: Hä? Dabei hätte ich auch Folgendes sagen können: »Drücken Sie mit beiden Füßen gleichzeitig am Boden liegende Zigaretten aus.« Am besten zeige ich das auch nach ein paar Momenten und schon erkennen alle, was ich meine. Es nennt sich Twist und die Erklärung stammt angeblich vom amerikanischen Musiker Chubby Checker (»Let's twist again« und »The twist«).

Lange Rede, kurzer Sinn: Wir alle lernen schneller und besser, wenn wir vorhandenes Potenzial einsetzen können. Darum lernen deutsche Kinder in der Regel besser Englisch als Chinesisch, denn sie kennen zahlreiche Begriffe schon und können auf vorhandenes Wissen zurückgreifen. Wenn Sie diesen Gedanken jetzt auf Ihre Motivationsfähigkeit übertragen, dann bauen Sie am besten immer auf Fundamente, die Sie schon besitzen. Hierauf werden wir bei einem der nächsten Kapitel stoßen – Stichwort Sport.

Das Straßennetz unseres Gehirns

Unser Gehirn wird oftmals mit einem Computer verglichen. Wir alle wissen, dass dieser Vergleich etwas hinkt. Aber natürlich gibt es auch Parallelen und ähnliche Funktionsweisen. Auch wir besitzen ein Betriebssystem, nämlich die Art und Weise, wie wir grundsätzlich denken. Es wird vor allem in unserer Kindheit und unserer Jugend geprägt. Der Unterschied zu einer Maschine ist, dass unser Betriebssystem fluide, also formbar ist. Es verändert sich und bleibt keineswegs starr, sofern wir das wollen und es auch zulassen. Doch es gibt einen sehr wichtigen Aspekt in diesem Zusammenhang. Für mich ist es eines der großen Geheimnisse der menschlichen Erkenntnis. Bitte lassen Sie mich, auch wenn Sie vielleicht die Details schon kennen, einmal das Wichtigste zusammenfassen, bevor wir in die Tiefe vordringen:

Wenn wir eine Information abspeichern, dann werden in unserem Denkorgan bestimmte Prozesse ausgelöst. In unserer Schaltzentrale arbeiten über hundert Milliarden Gehirnzellen, welche wiederum sogenannte Synapsen besitzen. Verarbeiten wir eine Information, dann werden Botenstoffe von einer Synapse zur nächsten geschickt. Man kann sich das vorstellen wie das Prinzip Sender und Empfänger.

Und das passiert nicht nur an einer einzigen Stelle, sondern in einem ganzen Netzwerk. Forscher verwenden auch gerne das Beispiel einer Straßenkarte. Je breiter die Straßen sind, desto besser ist die Information in unserem Gehirn abgespeichert. Für den Straßenbau brauchen wir bestimmte Proteine. Schütten unsere »Straßenbaumeister« nur ein paar Schaufeln Sand auf die Piste, dann spült sie der nächste Regen sozusagen einfach wieder weg. Um nachhaltig zu lernen, muss also geteert werden. Je größer die Fahrbahn, desto besser und schneller können die Informationen von Synapse zu Synapse »fahren«. Das Nachwachsen unserer Nervenzellen wird als Neurogenese bezeichnet.

Früher dachte man, dass dieser Prozess im Alter eingestellt wird, doch das stimmt nicht. Es gibt allerdings einen Vorgang, der sich tatsächlich abschwächt, und hier lassen sich die Parallelen zum Straßenbau ganz gut erkennen. Irgendwann ist unser Straßennetz ziemlich dicht, und wir haben uns daran gewöhnt, die gut ausgebauten Wege zu nutzen. Und nun kommen wir zum eigentlichen Problem, das ich anfangs als Geheimnis bezeichnet habe: Wenn alle Straßen so schön ausgebaut sind, warum sollen wir denn dann neue bauen? Der Prozess kostet viel Energie, und unser Gehirn sieht auf den ersten Blick keine Notwendigkeit. Nun sind wir aber nicht der Bundesverkehrsminister, der seine Budgets im Straßenbau restriktiv verwalten muss. Wir besitzen enorm viele Ressourcen und können jederzeit klotzen, statt nur ein bisschen zu kleckern.

Wie schon erwähnt: Ab Mitte dreißig verändern wir uns eigentlich nicht mehr grundsätzlich. Bestimmte Weltbilder, Meinungen und Handlungsabläufe haben sich in unserem Netzwerk festgesetzt. Die täglichen Routinen wie Aufstehen, Frühstücken, Zähneputzen, Anziehen, zur Arbeit fahren usw. festigen bestimmte »Straßenabschnitte« in unserem Gehirn so sehr, dass wir irgendwann nicht mehr merken, dass es auch andere Wege gäbe oder wir sogar neue Straßen bauen könnten. Das passiert nicht nur an einer einzigen Stelle, sondern an vielen. Damit verlieren wir im weitesten Sinne unseren freien Willen. Dieser letzte Satz ist so entscheidend, dass ich Sie bitte, ihn noch einmal zu lesen.

Unser neuronales Straßennetz ist das Ergebnis unserer vergangenen Erlebnisse. Hatten wir also im ersten Drittel unseres Lebens die so oft zitierte glückliche Kindheit, dann spiegelt sich genau das in unserem täglichen Handeln. Umgekehrt ist es leider auch der Fall. Und nun kommt unser Unterbewusstsein ins Spiel. Es steuert mit dieser erlernten Straßenkarte unser Handeln und damit auch einen Großteil unseres Lebens. Wissenschaftler gehen davon aus, dass wir sogar nur fünf Prozent unserer Handlungen bewusst steuern. Wir können dem nur entgegenwirken, wenn wir uns dieser Prozesse bewusst sind.

Was für Auswirkungen hat dies nun auf unsere Komfortzone? Leider ganz erhebliche. Ihr Umfeld und Ihre Erlebnisse haben in der Vergangenheit Ihren gesamten Habitus geprägt. Für diese Beeinflussung von außen gibt es einen Fachausdruck, das sogenannte »Priming«. Im Deutschen existiert hierfür kein wirklich treffendes Pendant. Laut Wörterbuch kann man Anbahnung oder Bahnung dazu sagen. Priming bedeutet, dass ein bestimmter Reiz (z. B. Geruch, Aktion, Erlebnis) schon bestehende Gedächtnisinhalte aktiviert, auf die wir im Vorfeld »abgerichtet« wurden. Darauf reagieren wir mit unseren immer gleichen Handlungsmustern. Das ist der Grund, warum wir nur ungern unsere Ansichten und Meinungen ändern. Und auch, warum der Schritt aus unserer Komfortzone heraus so ungemein groß sein kann.

Im folgenden Kapitel werden wir uns deshalb mit möglichen Lösungswegen beschäftigen.

Wege aus der Komfortzone

Wir trainieren unsere Muskeln und unsere Ausdauer, wir üben Musikinstrumente und memorieren Fremdsprachen, wir lernen Computerprogramme und pauken für die Schule und unser Studium. Doch niemand bringt uns bei, unsere Komfortzone zu verlassen. Hierfür gibt es kein Schulfach und keine allseits anerkannten Lernmethoden.

Ist das nicht schon fast ein bisschen skurril? Wer seine Komfortzone überwinden kann, hat viel bessere Chancen, seine Ziele zu erreichen. Man stelle sich das nur einmal konkret vor – eine Vervielfachung unseres Potenzials. Wir können nur schätzen, wie weit die Menschheit es binnen kürzester Zeit bringen würde, wenn wir alle von heute auf morgen unsere Komfortzone verlassen könnten.

Das mag vielleicht nur ein Traum sein, doch eines ist gewiss: Mit Änderungen beginnt man am besten bei sich selbst. Also lassen Sie uns gemeinsam Wege und Programme erforschen, um Ihr persönliches Potenzial in vollem Umfang zu entfalten.

Denken Sie in Lösungen und nicht in Problemen

Für unser Unternehmen war der 22. März 2020 einer der schwärzesten Tage der Firmengeschichte. An diesem Tag begann der erste Lockdown im Rahmen der Bekämpfung der Corona-Pandemie. Und wir werden uns für immer an diesen Tag erinnern.

Nach Verkündung der Maßnahme hatte ich mit vielen Freunden und Geschäftspartnern telefoniert und mich mit ihnen über Maßnahmen, Ideen und Konsequenzen ausgetauscht. Uns selbst hatte es in drei von vier Geschäftsfeldern zu 100 Prozent getroffen. Die Tanzschule selbst, aber auch die Eventabteilung und die Gastronomie mussten komplett dichtmachen. Nur die Medienagentur hatte noch die Möglichkeit, aus dem Homeoffice heraus zu arbeiten. In unserem Team waren viele fassungslos, manche auch verzweifelt. Ich selbst war kurzzeitig zwischen Aktionismus und Angststarre hin- und hergerissen.

Der Einzige aus unserem Team, der umgehend das Heft in die Hand nahm, war der Abteilungsleiter im Paartanzbereich. Er skizzierte ein Konzept, wie wir alle Kurse zeitnah online zur Verfügung stellen konnten. Nicht nur das, er funktionierte zwei Tanzsäle zu Filmstudios um, organisierte Kameras, ein Team und brachte sich per YouTube-Tutorials bei, wie man Filme schneidet.

Und kaum zu glauben: Schon zwei Tage später war unser Angebot für alle Kunden online abrufbar. Zugegeben, die ersten Videos wirkten noch sehr amateurhaft, aber die Qualität stieg von Tag zu Tag. Unserem Abteilungsleiter war es gelungen, mit der Aktion auch die anderen Teammitglieder mit an Bord zu holen. Bald gab es auch erste Livesendungen, Interviews, Studiogäste wie den Oberbürgermeister und lustige Outtakes.

Uns ist es gelungen, sehr viele Kunden halten und begeistern zu können. Und wenn auch die Corona-Erfahrungen sicherlich nicht alle schön waren, konnte ich durch diese Situation doch auch sehr viel über mich und erfolgreiches Krisenmanagement lernen. Bei anderen Kollegen hat es viele Wochen gedauert, bis überhaupt etwas geschehen ist. Einige haben sich gar nicht gerührt. Ich las in Foren immer wieder Sätze wie »Das bringt doch alles gar nichts« oder »Wozu den ganzen Aufwand?«.

Jetzt könnte man einwenden, dass wir trotzdem im Verlauf des Sommers zwanzig Prozent unserer Kunden verloren haben. Aber bei anderen, die nichts unternommen haben, waren es bis zu achtzig Prozent.

Wenn ich neben »Verlassen der Komfortzone« ein weiteres Schulfach einführen dürfte, dann wäre es »lösungsorientiertes Denken«. Wir neigen dazu, oft allein mögliche Gefahren zu sehen und viel zu selten Chancen. Das ist ein genetisch tief verankertes Programm, erzeugt durch unsere Ängste. Obwohl ich mich auf der Seite der Optimisten verorte, verrenne ich mich gedanklich immer wieder im sogenannten »Problemdenken«. Ich suhle mich darin wie ein Nilpferd im Schlamm.

Probleme lassen sich in zwei Kategorien unterteilen: Probleme, die unausweichlich sind, und Probleme, deren Lösung einen Fortschritt bringt. Beim ersten Fall sollten Sie Ihre Zeit nicht damit verschwenden, zu überlegen, was alles nicht funktioniert. Menschen verfangen sich allzu gerne in einer Endlosschleife und malen sich genüsslich aus, wie katastrophal wohl die unausweichlichen Folgen aussehen werden. Für die zweite Kategorie dürfen Sie Ihren Gehirnschmalz in vollem Umfang nutzen.

In unserem Unternehmen haben wir mehrere regelmäßig stattfindende Gesprächsrunden, zum Beispiel die Chefbesprechung oder das Marketingmeeting. Mit den Jahren haben wir uns antrainiert, dass jemand aus der Runde folgenden Satz einwirft, sobald wir beginnen, uns in solchen Problem-Endlosschleifen zu verfangen: »Okay, das waren jetzt alles Probleme, wir brauchen aber Lösungen.« Abrupt stoppen alle Nörgeleien, denn keiner aus dem Team will die Heulsuse sein.

Wie Ihr Gehirn lernt, die Komfortzone zu verlassen

Die Komfortzone zu verlassen ist eine bewusste, aktive Handlung, die Sie einstudieren können. Je mehr Sie üben, desto besser werden Sie. Das ist nicht anders als beim Erlernen einer Fremdsprache oder eines Instruments. Die Hürden sind von Mensch zu Mensch verschieden hoch. Doch so ist es bei allem im Leben. Während sich der eine Vokabeln nur einmal ansehen muss, um sie zu beherrschen, braucht ein anderer zwanzig Wiederholungen.

Befreien Sie sich von dem Gedanken, dass Sie etwas nicht können. Sie können so ziemlich alles. Vielleicht nicht so gut wie andere und vielleicht auch nicht sofort, aber Sie können es.

Was Sie in Ihrem Leben vielleicht noch nicht verinnerlicht haben, ist die Tatsache, dass sich nicht nur unsere Muskeln trainieren lassen, sondern auch unsere Gefühle und unser Wille. Training heißt permanente Wiederholung. Ich möchte noch einmal den Vergleich mit einem Muskeltraining heranziehen. Dazu eine Frage: Wenn Sie nur ein einziges Mal dreißig Liegestützen machen, werden Sie dann am nächsten Tag einen Muskelzuwachs erkennen können? Nein, sicherlich nicht. Sie erwarten das auch nicht, weil Sie wissen, dass das nicht möglich ist.

Und gleich noch eine Frage: Werden Sie als Anfänger beim Muskelaufbau damit beginnen, 500 Liegestütze an einem Tag abzureißen? Vermutlich auch nicht, weil Sie wissen, dass das weder sinnvoll noch möglich ist.

Nun übertragen Sie diese Gedanken auf das Verlassen der Komfortzone. Um Erfolge zu erzielen, müssen wir mit kleinen Schritten starten. Unsere Muskeln sind in diesem Fall vergleichbar mit einer menschlichen Eigenschaft: dem Vertrauen in uns selbst, dem Selbstvertrauen. Das muss auch erst langsam anwachsen, antrainiert werden.

In dem Begriff vereinen sich meiner Meinung nach eigentlich zwei Bedeutungen. Erstens: Ich vertraue meinem Können. Und zweitens: Mir ist bewusst, wie ich handle und was daraus resultiert, sprich: Ich bin mir dessen bewusst.

Sie können jetzt sagen: Wenn ich zu faul bin, dann habe ich ja keine Angst. Das ist doch etwas ganz anderes. Sie haben zwar recht in Bezug auf die Ursache, aber Sie liegen falsch in Bezug auf die Auswirkungen, denn die Konsequenzen sind dieselben. Ob Sie im Leben nichts erreichen, weil Sie Angst haben oder weil Sie zu faul sind – das Ergebnis bleibt identisch.

Dazu zwei Anekdoten: Ein guter Bekannter von mir arbeitet seit vielen Jahren im Anzeigenverkauf einer großen Tageszeitung. Vom einfachen Verkäufer arbeitete er sich bis zum Teamleiter hoch und anschließend zum Verantwortlichen der Verkaufsschulungen im Haus. Vor Kurzem hat er mir erzählt, wie seine berufliche Karriere begann.

Als Auszubildender hatte er in der Buchhaltung gestartet. Schon nach kurzer Zeit fiel in der Anzeigenabteilung unerwartet und langfristig ein Kollege aus. Kunden sollten abtelefoniert werden, wichtige Aufträge mussten in die Post usw. Kurzum, er wurde versetzt und erledigte Dienstbotenaufgaben der Abteilung. Dazu muss man wissen, dass die Anzeigenverkäufer dieser Zeitung damals sehr angesehen waren. Aufgrund der Monopolstellung des Blattes waren die Preise sehr hoch, und das Geld lag quasi auf der Straße. Konkurrenz durch das Internet und dergleichen gab es nicht. Wer Anzeigen verkaufen durfte, war angesehen und verdiente gutes Geld.

Eines Tages musste mein Bekannter mit dem Auto zu einem Kunden fahren, um Anzeigenvorlagen freigeben zu lassen. Auf dem Rückweg fuhr er an einem Fachgeschäft für Computer vorbei. Er hatte von der Firma zuvor noch nie etwas gehört. Daraus schloss er, dass dieses Geschäft bisher keine Werbung in der Zeitung geschaltet hatte.

Er hielt an, saß im Auto und überlegte eine halbe Ewigkeit, ob er jetzt in den Laden gehen sollte, um dem Inhaber eine Anzeige zu verkaufen. Er war aufgeregt und hatte Herzklopfen. Letztendlich nahm er all seinen Mut zusammen. Das Ergebnis war eine einspaltige Anzeige für 25 DM. Für meinen Bekannten war dies ein großes Erfolgserlebnis, der erste Schritt in seiner Karriere. Er fühlte sich, als hätte er mit eigenen Händen einen Löwen niedergerungen.

Die zweite Geschichte spielte sich erst vor einiger Zeit ab. Mein jüngster Sohn besucht die siebte Klasse eines Gymnasiums. Aufgrund unserer Grenznähe zu Frankreich haben viele Schulklassen spätestens ab dieser Klasse das Fach Französisch. Die Motivation, diese Sprache zu erlernen, bewegt sich bei vielen Schülern gegen null. Und dabei stellt mein Sohn zu meinem Bedauern keine Ausnahme dar.

Als vor einigen Monaten das Schuljahr begann, kündigte die Lehrerin gleich einen ersten Test an. Trotz mehrerer Angebote, ihn beim Vokabellernen zu unterstützen, lehnte mein Sohn vehement ab. Das Ergebnis war eine glatte Sechs.

Daraufhin konnte ich ihn überreden, mit mir für den zweiten Test zu lernen. Es fiel ihm sichtlich schwer, aber eine weitere Sechs wollte er auf keinen Fall riskieren. Vor ein paar Wochen kam er dann mit dem Ergebnis nach Hause. Besser gesagt, er stürmte nach Hause. Noch im Treppenhaus begann er lauthals nach oben zu rufen, um zu erzählen, was passiert war. Oben angekommen, riss er den Test aus dem Schulranzen und legte ihn stolz auf den Küchentisch. Es war eine Eins mit Sternchen, er hatte sogar die Zusatzaufgabe gelöst.

Seitdem lernt er zwar nicht freudestrahlend für die Schule und für Arbeiten, aber das Bild mit der guten Note kommt ihm immer wieder unaufgefordert in den Sinn.

Beide, sowohl mein Bekannter als auch mein Sohn, haben Zeit und Mut investiert, sich angestrengt und ganz bewusst die Grenzen ihrer Komfortzone überschritten. Im ersten Fall ging es um die Angst vor Zurückweisung, bei meinem Sohn zum einen um die Angst vor Versagen und zum anderen um die Überwindung des inneren Schweinehundes.

Beide haben gelernt, dass sich die Überwindung lohnt. Und beide haben in der Folge weitere Ziele in Angriff genommen und dabei einen Trainingseffekt festgestellt. Wie heißt es doch so schön: Man wächst mit seinen Aufgaben. (Übrigens: Abgedroschene Sprichwörter sind deshalb abgedroschen, weil sie sich teils seit Jahrhunderten immer wieder bewahrheiten.)

Zauberwort Fokussierung

Fokussierung ist die Basis, um ein Ziel zu erreichen. Auf Seminaren zum Thema Erfolg suchen Teilnehmende nach Kernaussagen, die sie zum Ziel bringen. Wenn es dann genau zu diesem wichtigen Kern kommt, prallt an neunzig Prozent der Anwesenden dieser Gedanke einfach ab. Sie denken, es sei schon nicht so wichtig. Oder sagen sich: »Ja, ja, das ist schon alles klar, mach weiter!« Das ist dann auch der Grund für jeglichen Misserfolg. Wer sich fokussieren kann, ist ein Gewinner, egal, was er oder sie anpackt. Fokussierung heißt nämlich, sein Ziel vor Augen zu haben und sich nicht ablenken zu lassen. Nicht ablenken lassen. Nicht ablenken lassen!

Vor allem in der westlichen Welt leben die meisten Menschen vor sich hin. Sie sind eingelullt durch ihre derzeitigen Lebensverhältnisse. Ihre Grundbedürfnisse sind gedeckt, die Ziele verschwimmen. Doch wie lässt sich der Begriff Fokussierung verständlich erklären? Welche Gefühle und Gedanken durchleben wir dabei? Bitte lassen Sie uns dafür einen Blick auf die politische Lage werfen. Denken Sie für einen Moment an die vielen Menschen, die in den vergangenen Jahrzehnten von den wirtschaftlichen Aufschwüngen nicht oder kaum profitiert haben. Menschen, die vor Krieg, Armut oder repressiven politischen Systemen flüchten. Diese Menschen haben ihr Zuhause verlassen, sind zu Fuß wochenlang in unbekannte Gefilde marschiert, mussten teilweise nachts übers offene Meer schwimmen. Sie hatten nur ein Ziel. Sie wollten in die EU oder nach Amerika gelangen und somit in Sicherheit. Menschen auf der Flucht haben ganz klare Bilder vor Augen. Diese klaren Bilder und der Zwang zur Veränderung der Lebensumstände setzen einen starken Fokus auf einen Neustart.

Diese Bilder hängen immer ganz konkret mit Erfahrungen zusammen. Und wer schlimme Erfahrungen macht, der schafft sich im selben Moment einen Gegenpol. Wer starken Durst empfindet, denkt an Wasser, wer Hunger hat, an ein leckeres und reichhaltiges Essen, wer Gewalt erfährt, sehnt sich nach einer friedlichen und sicheren Heimat. Je größer die Not, desto klarer das Ziel.

Für alle Kriegsflüchtlinge war Angst der entscheidende Trigger. Angst ist einer der stärksten Trigger überhaupt und geht mit enormen Nebenwirkungen einher – jahrelange Albträume, Magengeschwüre, erhöhter Blutdruck, um nur einige zu nennen. Doch Fokussierung kann auch anders und auf gesunde Weise gelingen.

Wer seine Komfortzone verlassen muss, bei dem kreisen die Gedanken immer und immer wieder um ein und dasselbe Ziel. Wer seine Komfortzone zwar nicht verlassen muss, aber will, der kann mit demselben Vorgehen Erfolge erzielen. Eben nur freiwillig. Wenn Ihr großes Ziel beispielsweise das eigene Haus ist, dann beschäftigen Sie sich intensiv damit. Und zwar gleich. Sammeln Sie im Internet Bilder, wie Ihr Haus aussehen könnte, am besten sehr detailliert. Wählen Sie aus, welchen Bodenbelag, welche Wandfarbe, welche Fensterform Sie haben möchten. Besuchen Sie Musterhäuser, erkundigen Sie sich nach Finanzierungsmöglichkeiten und rechnen Sie aus, wie viel Geld Sie pro Monat verdienen müssen, um das Haus Ihrer Vorstellung abzubezahlen.

Wenn Sie damit beginnen, die Details zu beleuchten, dann reiht sich eine Frage nach der anderen, wie auf einer Perlenschnur, aneinander. Sie kommen in einen positiven Sog. Ihr Interesse schießt wie ein Pilz aus dem Boden. Aus einer Last wird eine Lust. Denn einfach nur zu sagen, ich will mal ein Haus haben, bringt Sie nicht einen Millimeter näher ans Ziel. Anfangs wird Ihnen vielleicht das Geld fehlen, aber dazu gibt es ein sehr schönes Zitat des Künstlers Wafa Hourani, welches lautet: »If you are that limited in power, then really invest in illusion.« Frei übersetzt heißt es: »Wenn dir die Mittel fehlen, dann investiere in deine Vorstellungskraft.« Und Sie werden bald merken, dass dies ein passabler Weg ist, um erfolgreich zu werden.

Beobachten Sie sich selbst

Niemand kennt Sie so gut wie Sie selbst. Im lauten Alltag allerdings überhören wir oft die Signale unseres Körpers und übersehen, was für uns wichtig ist. Ich selber habe sehr lange unter einer Neurodermitis gelitten.

Ich muss ungefähr vier Jahre alt gewesen sein, als ich mir immer wieder die rechte Seite meiner Ellenbeuge aufgekratzt habe. Als Kind konnte ich nicht verstehen, woher dieser Juckreiz kam. Allergien waren Mitte der 1970er Jahre noch kein großes Thema. Meine Mutter rieb die Stelle ab und zu mit Wundsalbe ein. Nach zwei oder drei Jahren verschwand die Rötung wieder von alleine, und ich dachte auch nicht weiter darüber nach.

Eines Tages, ich war vielleicht acht Jahre alt, spielte ich mit Freunden in einem riesigen Feld. Die Gräser überragten uns fast um eine Handbreit, und wir hatten einen Heidenspaß. Wir rissen einzelne Halme aus und bewarfen uns damit. Nach einiger Zeit rieb ich mir meine Augen, die umgehend zu brennen begannen, woraufhin ich sie nur noch mehr rieb. Ich kam mit knallroten, tränenden Augen nach Hause. Ab diesem Tag wusste ich, dass ich gegen verschiedene Gräser allergisch war. In den folgenden Jahren kamen und gingen die Hautausschläge, hielten sich all die Jahre aber ganz gut im Zaum. Nach dem Abitur begann ich mit meinem Zivildienst. Eines Abends war ich in einer Disco und tanzte fast die ganze Zeit. Ich musste mich irgendwann sehr stark kratzen, weil mich ein unerträglicher Juckreiz am Hals und in den Ellenbeugen quälte. Ich ging auf die Toilette und sah im Spiegel, wie sich große rote Flecken an den Stellen gebildet hatten.

Über die nächsten Jahre wurde es immer schlimmer. Ich bin von Arzt zu Arzt gegangen und habe alles Mögliche ausprobiert. Salben, Eigenbluttherapie, Allergietests – das ganze Programm. Manche Diagnose habe ich im Laufe der Zeit schlicht und ergreifend wieder vergessen, weil die empfohlenen Heilmittel nicht umgehend anschlugen.

Neurodermitis kann mitunter sehr komplexe Ursachen haben. Lebensumstände, Psyche und Ernährung spielen dabei eine große Rolle. Doch die Kombination der Zusammenhänge kann viele Varianten mit sich bringen, und Ärzte haben nicht die Zeit, um monatelang alle Faktoren eines einzelnen Patienten zu durchleuchten. Das kann der Patient nur selbst.

Letztendlich waren es kleine Hinweise, was für mich und meinen Körper gut ist. Da die Hinweise aber nicht zur völligen Genesung führten, habe ich ihnen nicht vertraut beziehungsweise ihren Wert unterschätzt. Erst als ich mir sehr genau notiert hatte, was für mich gut und was für mich schlecht ist, bekam ich die Krankheit nach und nach in den Griff. Ich verzichte seither weitgehend auf Schokolade, Rotwein und Haselnüsse, schlafe ausreichend und nutze Creme mit dem Wirkstoff Pimecrolimus, sobald ich eine beginnende Hautrötung habe. Mir haben die verschiedenen Empfehlungen erst in der Summe geholfen.

Und so, wie es mir bei der Neurodermitis ergangen ist, so ergeht es vielen Menschen bei ihren Problemen. Die Strukturen sind komplex, und niemand kennt die gesamte Situation so gut wie Sie selbst. Darum schenken Sie sich selber Zeit. Notieren Sie, was Ihnen guttut und was Ihnen schadet. Nicht ohne Grund ist ein Tagebuch, und sei es nur mit kurzen Notizen, wertvoll für eine Eigenanalyse. Das gilt für Krankheiten wie auch für den Erfolg im Beruf und im Leben.

So können wir unser Gehirn nachhaltig programmieren

Gehen wir noch einmal zurück. Einige Seiten zuvor habe ich die Gründe dargelegt, warum eine singuläre Information nicht ausreicht, um nachhaltige Änderungen zu bewirken, sondern dass Erlebnisse und die damit verbundenen Emotionen der Schlüssel zum Erfolg sind.

Was können Sie also machen, um das zu erreichen? Die Antwort ist einfach ausgesprochen, aber leider gar nicht so leicht umzusetzen. Ihr Gehirn wird immer dann nachhaltig neu programmiert, wenn sich Ihr Umfeld stark verändert oder Sie ein längeres bzw. tiefgreifendes Erlebnis haben. Diese Veränderungen oder Erlebnisse müssen Sie emotional berühren und sich in Form von Bildern in Ihrem Kopf manifestieren.

Ich nenne Ihnen drei konkrete Beispiele. Erstens: Reisen Sie alleine für zwei oder, wenn möglich, für mehrere Wochen in eine ungewohnte Umgebung. Am besten ins Ausland. Zweitens: Besuchen Sie einen Kurs, bei dem Sie interaktiv eingebunden sind – es sollte eine Tätigkeit sein, die Sie zuvor noch nie ausgeübt haben. Investieren Sie viel Zeit in die Aktivität, möglichst mehrmals die Woche. Drittens: Helfen Sie für einige Wochen oder sogar dauerhaft in einem Hospiz, Pflegeheim oder einer anderen karitativen Einrichtung aus.

Es ist nicht schwer herauszufinden, welche Situationen nachhaltig Ihr Gehirn verändern. Sie müssen die folgenden Fragen für sich nur mit einem klaren »Ja« beantworten können:

Werden die Bilder aus bestimmten Erlebnissen für immer in Ihrem Kopf hängen bleiben?

Waren die Ereignisse so ergreifend, dass Sie emotional tief berührt wurden?

Bitte erinnern Sie sich noch einmal daran. Ein starkes Netz neuronaler Verbindungen wird in unserem Gehirn immer dann angelegt, wenn sich Bilder und Emotionen in unseren Bewusstseinsebenen verankern können. Dazu gehört auch unser Unterbewusstsein.

Wenn Sie über genügend Kapital verfügen, können Sie dieses auch gewinnbringend einsetzen, um ganz besondere Erlebnisse zu schaffen – nicht nur für Sie selbst, sondern auch für andere Menschen.

Es gibt Dinge, die lassen sich mit Geld nicht kaufen. Zum Beispiel wahre Liebe. Erlebnisse gehören nicht in diese Kategorie, denn Sie können sich sehr wohl besondere Highlights kaufen. Es sollte aber nichts sein, was sich permanent in ähnlicher Weise wiederholt. Wenn Sie also jedes Jahr eine teure Kreuzfahrt buchen, dann wird vielleicht die erste, aber sicherlich nicht die 25. Sie innerlich stark berühren.

Wenn Sie über das nötige Kapital verfügen, dann sind hier fünf weitere Vorschläge, die Ihr Leben, Ihr Denken und Ihren Geist nachhaltig positiv prägen können. Erstens: Buchen Sie einen außergewöhnlichen Künstler für einen Auftritt exklusiv bei sich zu Hause. Zweitens: Gehen Sie in ein Hospiz und erfüllen Sie fünf oder zehn Menschen einen Herzenswunsch. Drittens: Reisen Sie an ungewöhnliche Orte und leben Sie, wenn möglich, mit Einheimischen für ein paar Tage zusammen. Viertens: Bauen Sie ein Mehrfamilienhaus für bedürftige Menschen und stellen Sie hierfür auch Betreuungspersonal ein. Fünftens: Bauen oder mieten Sie eine Schule für sozial benachteiligte Kinder. Drehen Sie alle vermeintlich negativen Lebensläufe dieser Kinder in eine positive Zukunft.

Alle genannten Punkte werden Ihnen unvergessliche Momente bescheren und Sie ganz gewiss aus dem Alltag reißen. Sie werden andere Blickwinkel erhalten und bei manchen Punkten lernen, Ihre Grenzen zu überschreiten.

Raus aus dem Kopfkino

Wie stark unsere Emotionen mit Bildern verknüpft sind, erkennen wir am besten im Kino. Filme sind deshalb so erfolgreich, weil sie in der Lage sind, uns emotional zu berühren. Als wären wir selbst betroffen, bekommen wir bei spannenden Szenen Herzklopfen, wünschen dem Bösewicht eine gerechte Strafe und müssen schlucken oder gar weinen, wenn eine traurige Szene gezeigt wird. Obwohl wir wissen, dass die Handlungen fiktiv sind, produzieren unsere Drüsen große Mengen an Adrenalin, Dopamin und anderen Hormonen. Wenn das schon in einer imaginären Welt geschieht, wie verdauen wir dann erst die Realität?

Überlegen Sie bitte für einen kurzen Moment, mit welchen Informationen und Nachrichten Sie sich tagtäglich umgeben. Gibt es viel Erfreuliches oder überwiegen negative Impulse?

Wenn Sie ein News-Junkie sind, dann werden Sie täglich sehr viele schlechte Nachrichten verdauen müssen. Wir sehen und lesen ja meist von Mordprozessen, Korruption, Naturkatastrophen und Kriegen. Wenn Sie jetzt noch einen Job an der Backe haben, der Ihnen keine Freude macht, dann steht es ganz schlecht um Ihren Energiehaushalt.

Jede schlechte Nachricht löst in unserem Körper eine Reaktion aus. Wir machen uns Sorgen, ekeln uns, leiden mit den Opfern oder sind wütend über das Politikversagen oder Ungerechtigkeiten dieser Welt. Sie machen sich selbst zum Mülleimer dieser schlechten Energie, und das ist nicht esoterisch gemeint. Wie soll denn auch aus diesem Umfeld plötzlich ein Glücksempfinden aus Ihnen herausbrechen?

Ausreichend Energie ist unabdingbar, um ein Projekt zu starten, Angst zu überwinden oder den inneren Schweinehund zu besiegen. Ich kann es nicht oft genug wiederholen. Es ist ein wichtiger Schritt, dass Sie sich mit positiven Nachrichten umgeben. Gehen Sie tanzen, verabreden Sie sich mit netten Menschen, lesen Sie ein inspirierendes Buch oder schauen Sie auf YouTube informative Videos. Das alles ist besser, als zum siebten Mal am Tag auf irgendwelchen Newsseiten zu surfen oder sich den Müll von irgendwelchen drittklassigen Influencer-Promis anzusehen.

Vor allem Letzteres können Sie aktiv steuern, und zwar mit wenig Aufwand – einfach die Nachrichten und den Newsfeed abschalten.

Wie Sie mit Kritik besser umgehen lernen

Wir haben eine genetisch programmierte Ur-Angst vor Kritik. Es ist eine Art Schutzmechanismus, der lange Zeit wichtig für unsere Existenz war.

Wie man heute weiß, lebten die Menschen in der Steinzeit in Gruppen von ca. dreißig bis fünfzig Mitgliedern. Die Arbeit wurde aufgeteilt. In der Regel waren die einen fürs Jagen und Sammeln zuständig, die anderen für die Zubereitung der Nahrung und das Hüten der Kinder. Hunderttausende Jahre lang galt eine eiserne Regel in diesen Gemeinschaften: Füge dich in die Gruppe ein, denn wenn dich die Gruppe verstößt, bist du alleine, und das bedeutet deinen sicheren Tod. Wenn also andere uns kritisierten, mussten wir abwägen, ob das schon ein Anzeichen für den bevorstehenden Ausschluss aus der Gruppe war.

Doch es gibt eine wunderbare Lösung für dieses Problemprogramm. Wir können es sogar umkehren und uns zunutze machen. Aus negativer Energie wird sozusagen positive. Das klingt fast zu schön, um wahr zu sein, aber es ist so simpel, dass jeder es umsetzen kann. Voraussetzung ist, dass wir uns über den Mechanismus im Klaren sind.

Hierzu ein kleines Gedankenexperiment: Stellen Sie sich vor, Sie werden gebeten, einen Artikel über eines Ihrer Hobbys zu verfassen. Sie sollen dazu ein paar interessante Menschen interviewen, historische Entwicklungen beschreiben und einen Blick in die Zukunft wagen. Der Beitrag soll anschließend in einem renommierten Magazin in Millionenauflage abgedruckt werden.

Höchstwahrscheinlich wollen Sie Ihr Bestes geben und haben großen Respekt vor dieser Aufgabe. Sie müssen damit rechnen, dass viele Menschen Ihre Zeilen lesen und vor allem auch beurteilen werden. Wie gehen Sie vor? Vermutlich notieren Sie zunächst alle Informationen in einer Stichwortsammlung, beginnen dann mit einem ersten Entwurf und nachdem Sie selbst eine erste Komplettversion verfasst haben, werden Sie jemanden bitten, sich Ihr Werk durchzulesen. Und wenn Sie weitsichtig sind, werden Sie sogar eine zweite, dritte oder gar vierte Person um Feedback bitten. Es geht schließlich um Ihren Namen und Ihr Ansehen. Welche Fragen werden Sie all diesen Menschen stellen? Sicher die relevanten Klassiker wie »Wie findest du es?« oder »Was würdest du schreiben?« oder »Siehst du irgendwelche Fehler?« oder »Was könnte man verbessern?« Kurzum – Sie fordern konstruktive Kritik ein, um besser zu werden. Vermutlich werden Sie dankbar um jede Anregung sein, denn es dient letztendlich Ihrem guten Ruf.

Andere Situation: Weihnachten steht vor der Tür. In Ihrem Unternehmen soll es eine große Party geben. Sie melden sich für die Organisation, weil Sie in Ihrem Kopf schon eine ganze Reihe toller Ideen haben, wie ein gelungenes Fest aussehen kann. Wochenlang organisieren Sie die Details und kümmern sich ums Essen, die Dekoration und die passende Unterhaltung. Dann kommt der besagte Tag, und als der Abend in vollem Gange ist, müssen Sie sich eine Reihe unschöner Bemerkungen anhören wie »O Gott, wie kann man nur Pizza servieren an so einem Abend!« und »Die Dekoration ist ja ziemlich albern« oder: »Der DJ ist unterirdisch.« Ihre erste Reaktion: Sie sind tief verletzt über die Kritik. Sie haben Ihr Bestes gegeben und werden jetzt mit solchen Kommentaren konfrontiert. Jetzt wird in Ihrem Kopf das Programm aus der Urzeit aktiviert, ob Sie es wollen oder nicht. Und Ihr Unterbewusstsein stellt Fragen wie: »Werde ich jetzt aus der Gruppe ausgestoßen und muss ich vielleicht sterben?« Der erste Punkt kann sich sogar bewahrheiten, der zweite natürlich nicht mehr. Wie es auch kommen mag, Sie werden sich gegen diese Kritik sträuben, entweder innerlich oder nach außen hin oder sogar beides. Objektiv betrachtet spielt es leider keine Rolle, ob Sie sich bemüht haben oder nicht. Die Erwartungen wurden offensichtlich nicht erfüllt. Die Gruppe war unzufrieden mit dem Ergebnis Ihrer Arbeit.

Leider schränken negative Emotionen generell unsere Lernprozesse stark ein. Personen mit einem gefestigten Selbstvertrauen und Selbstwertgefühl nehmen aus der Situation etwas mit und sagen sich: »Gut zu wissen, da habe ich ja schon was fürs nächste Mal gelernt.« Die meisten Menschen können aber mit Kritik nicht umgehen, jedenfalls nicht in dieser Form. Das Ergebnis: Sie sind gekränkt, fühlen sich minderwertig, sind enttäuscht, beleidigt und verletzt.

Doch solche Situationen können Sie umgehen. Im Beispiel der Weihnachtsfeier könnten Sie die Kritik auch vorab klären mit Fragen wie: »Wäre Pizza mal eine Alternative für unsere Weihnachtsfeier, oder sollen wir lieber etwas Klassisches nehmen?« »Ich habe mal ein paar Bilder für eine Dekoration ausgesucht – welche Richtung gefällt euch am besten?« oder »Hier sind ein paar Playlists – welcher DJ passt mit seinem Musikstil am besten?« Sehen Sie den Unterschied? Wenn ich ungefragt eine Kritik erhalte, dann verbarrikadiert sich mein inneres Ich. Die vielleicht interessanten Punkte kommen bei mir nicht mehr an, denn ich fühle mich persönlich angegriffen, bin beleidigt. Wir sind in solchen Situationen mental oft unfähig aus der Situation zu lernen.

Erbitten Sie also Kritik im Vorfeld, um einer Verletzung zu entgehen. Damit verlassen Sie Ihre Komfortzone freiwillig und nicht unter Druck. Und noch besser – Ihr Geist öffnet sich für Neues. Und wenn Sie den Mechanismus eines Tages verinnerlichen können, dann begreifen Sie, dass Kritik generell ein Geschenk ist. Wie oft äußern Menschen den Wunsch, sich weiterzuentwickeln, beruflich wie auch mental? Kritik ist der beste Weg, ja sozusagen die ausgebaute, sechsspurige Autobahn zu diesem Ziel.

Disziplin üben – aber wie?

Walter Mischel (Professor an der Stanford University in Kalifornien) ersann Mitte der 1960er Jahre das sogenannte Marshmallow-Experiment, bei dem knapp 600 Kinder im Vorschulalter fünfzehn Minuten vor einer Süßigkeit ausharren mussten, ohne sie zu essen. Schafften sie es, bekamen sie die doppelte Menge als Belohnung. Diese Voraussetzung war den Kindern zuvor mitgeteilt worden. Wie zu erwarten gab es trotz der verlockenden Belohnung Kinder, die sofort zuschlugen. Andere hielten ein paar Momente durch und wiederum andere konnten ganz widerstehen. Die untersuchten Kinder wurden im Erwachsenenalter erneut aufgesucht und zu ihren Lebensumständen befragt. Die Gruppe der Kinder, die der Versuchung standgehalten hatten, war in der Regel beruflich erfolgreicher und glücklicher im Leben. Mischel nannte sie »High Delayer«.

Das Experiment ist nicht unumstritten, denn 2018 veröffentlichte die Fachzeitschrift *Psychological Science* eine neue Studie, die das Ergebnis in Zweifel zieht (Watts et al., 2018). Ein Forscherteam aus den USA hatte die Marshmallow-Studie in abgewandelter Form wiederholt und kam teilweise zu anderen Ergebnissen. Ihre Kritik: Die Bildungsherkunft wurde nicht berücksichtigt. Die Kinder aus Mischels Studie aus den 1960ern entstammten zu großen Teilen einem universitären Umfeld. Beim nachgestellten Experiment wurden nun Kinder aus allen Einkommensklassen, verschiedener Hautfarben und verschiedener Bildungsniveaus ausgesucht. Das Ergebnis: Auch das Bildungsumfeld spielt eine Rolle, wenn es um die Impulskontrolle geht.

Es ist unbestritten, dass Disziplin eine der wichtigsten, manche sagen sogar die wichtigste Eigenschaft ist, um im Leben zufrieden, glücklich und erfolgreich zu sein. Trotzdem hat das Wort Disziplin im Deutschen einen schweren Stand. Für viele schwingt etwas Autoritäres mit. Fast automatisch werden wir an unangenehme Lehrkräfte, strenge Bezugspersonen oder den Geschichtsunterricht erinnert, bei dem der Militärdrill der Preußen und das Naziregime thematisiert wurden.

Und doch sollten wir unsere Haltung zu diesem Wort noch einmal überdenken. Disziplin kann von einer rein äußerlichen Handlung bis zu einer inneren Haltung reichen. Und gerade Letzteres ist von großem Nutzen auf unserem Weg zu einem erfüllten Leben – und gleichzeitig wohl auch die angenehmste Variante, denn immerhin werden wir bei innerer Disziplin von niemandem angeschrien oder zurechtgewiesen.

Wie aber schaffen wir es nun, Disziplin erstens zu mögen und zweitens zu üben? Wer Disziplin mit einem Muskel assoziieren kann, dem gefällt vielleicht die Vorstellung, dass wir unsere innere Disziplin ähnlich trainieren können wie unseren Bizeps. Um Veränderungen herbeizuführen, bedarf es zunächst keiner großen Anstrengungen. Bereits kleinste Schritte reichen am Anfang aus, um mit der Zeit wirklich Großes zu bewirken.

Ein sehr bekanntes Beispiel ist die Fitness-Influencerin Sophia Thiel. In ihrer Jugend litt sie unter Übergewicht, bis sie Bodybuilding für sich entdeckte und zur Supersportlerin mit perfektem Körperbau mutierte. Doch auch die Verwandlung einer Sophia Thiel geschah nicht an einem Tag. Ganz im Gegenteil. Der Weg vom übergewichtigen Teenager zur »Wonder Woman« dauerte viele beschwerliche Jahre. Leider hat der Ruhm und der damit verbundene Druck sie psychologisch stark mitgenommen und zurückgeworfen. Die Frage lautet letztlich nicht: Wie konnte sich Sophia Thiel plötzlich so wandeln? Sondern: Wie hat sie es geschafft, den langen Weg ihrer Wandlung einen längeren Zeitraum auch durchzuhalten?

Die Antwort ist simpel, aber dennoch nicht so einfach ersichtlich. Ob tibetische Mönche, indische Yogis oder griechische Gelehrte – die Regeln hierzu sind jahrtausendealt und niemand hat jemals etwas daran geändert. Es ist eigentlich vollkommen unverständlich, dass sich dieses Wissen, obwohl es so wertvoll und wirksam ist, nicht schon bei allen Menschen herumgesprochen hat.

Es geht um unser Selbstvertrauen. Und wenn Sie das Wort in seine Bestandteile zerlegen, dann erschließt sich auch der Sinn darin: Sich selber vertrauen. Wie kann ich mir also selber vertrauen?

Ich habe hierzu schon die irrwitzigsten Sachen gelesen. Man solle sich beispielsweise jeden Tag für eine Minute, wie ein Storch, auf nur ein Bein stellen. Wer das nicht schafft, kann es auch nur für dreißig Sekunden machen. Oder jeden Tag nach dem Aufstehen oder Zubettgehen ein Gedicht oder ein Mantra aufsagen. Doch so sinnlos das alles auch klingt, es steckt die Weisheit von Jahrtausenden darin. Denn es geht um nichts anderes als um ein Ritual. So weit, so gut. Sie werden vermutlich denken: Das kann ja jeder. Doch genau hier liegt der Denkfehler. Es kann eben nicht jeder. Eine Aufgabe, so simpel sie auch sein mag, für beispielsweise dreißig Tage durchzuhalten, erfordert ein ganz besonderes Können. Probieren Sie es selber aus. Denken Sie sich ein ganz einfaches Ritual aus. Z. B. jeden Tag fünf Kniebeugen am Morgen oder nach dem Aufstehen jeden Tag ein Glas Wasser trinken. Jeden Tag für zwei Wochen. Bei mehr als neunzig Prozent aller Menschen kommt etwas dazwischen. Sie vergessen es, sie fühlen sich nicht gut usw.

Doch sollten Sie diese Übung erfolgreich absolvieren, dann geschieht genau das, was all die klugen Köpfe schon seit Jahrtausenden immer und immer wieder predigen: Sie erhalten Selbstvertrauen. Und was heißt das genau? Es bedeutet, dass Sie sich selbst vertrauen können. Sie haben sich eine Aufgabe gestellt und gemerkt, dass Sie sich an Ihr eigenes Wort halten. Wenn Sie dieses Vertrauen in sich selbst nun nutzen, um als Nächstes eine etwas größere Aufgabe anzugehen, und immer so weiter, werden Sie mit der Zeit Ihr Leben komplett verändern. Das Fazit lautet: egal was Sie machen – geben Sie 100 Prozent (außer Sie gehen Blutspenden).

Wie man Alkoholkranken aus der Sucht hilft

Das Wichtigste vorneweg: Ich hoffe, dass das Thema Alkoholsucht Sie nicht tangiert. Aber auch mit einem völlig gesunden Verhältnis zu Alkohol können Sie eine Menge in diesem Zusammenhang lernen.

Begegnen wir suchtkranken Menschen, neigen wir dazu, sofort auf die lebensbedrohlichen Gefahren hinzuweisen. »Hör bitte auf damit, du weißt doch, wie gefährlich das für deine Gesundheit ist!« Der Erfolg ist meist bescheiden, denn Suchtkranke empfinden diese Belehrungen als unangenehm. Ein innerer Widerstand keimt auf. Selbst wenn der eigene Hausarzt mahnend auf den Patienten eingeht, ist der Erfolg nur von kurzer Dauer oder prallt gegen eine unsichtbare Barriere.

Aus genau diesem Grund geht die moderne Psychiatrie heutzutage ganz anders mit Suchtkranken um. Denken Sie bitte einen kurzen Moment an sich selbst. Ohne ein Gespräch auf Augenhöhe nehmen wir Kritik nur selten an. Ohne eine gute »Verpackung« wollen wir unsere Kritiker am liebsten in die Wüste schicken. Und diese Tatsache ändert sich auch nicht bei Alkoholikern. Warum auch? Ein Wandel im Mindset findet nur dann statt, wenn wir uns öffnen. Dazu gehören ein wertschätzender Unterton oder auch ein in den Gesprächsverlauf eingeflochtenes Lob.

Darum lauten Fragen bei Suchtkranken eher »Wie haben Sie den letzten Rückfall gemeistert?« oder »Trotz der Sucht haben Sie sich ja aufgerafft, mit mir zu sprechen«. Auch wenn die Antworten unspektakulär sind – gut formulierte Fragen haben diesen wertschätzenden Ansatz und ermöglichen ein Gespräch auf Augenhöhe. Der weitere Verlauf eines guten Gesprächs forciert die Unterstützung einer eigenen Lösung und kann mit Fragen einhergehen wie »Was wäre denn Ihr Wunsch für eine bessere Zukunft?« oder »Anstatt das Problem mit Alkohol zu bekämpfen; sehen Sie auch andere Möglichkeiten?«

Auch wenn die Basis noch so klein ist – wenn wir den Fokus auf das Positive legen, dann öffnet sich eine Tür zum Unterbewusstsein und somit auch zum Erfolg. Und dieser Weg hat mit uns allen zu tun. Das Beispiel mit den Alkoholikern zeigt uns, dass der Ausgangspunkt für Lösungen die positiven Aspekte in unserem Leben sind.

Im übertragenen Sinne und auf den Titel des Buches bezogen bedeutet das: Suchen Sie als Plattform für Ihre Vorhaben immer zunächst die kleinen Erfolge – ganz wie im vorherigen Kapitel bereits beschrieben. Diese gedankliche Sammlung nutzen Sie dann im Anschluss als Sprungbrett für größere Ziele.

Ganz klein anfangen

Einer der bekanntesten Ernährungstrainer im deutschsprachigen Raum ist der Buchautor und Keynote-Speaker Patric Heizmann. Wer ihn schon einmal live erlebt hat, kennt seine charismatische Ausstrahlung. Er ist nicht nur athletisch gebaut, was ihn authentisch macht, er ist auch noch der geborene Entertainer. Doch diese zwei Faktoren würden vermutlich noch nicht seinen großen Erfolg erklären. Abzunehmen kann ein harter und erbarmungsloser Kampf sein. Ein Großteil aller Diäten scheitert.

In der *Süddeutschen Zeitung* vom 08. Februar 2018 bezifferte Professorin Tanja Legenbauer den Anteil erfolgreicher Diäten mit zwanzig bis dreißig Prozent. Sie leitete in Zusammenarbeit mit Stephan Herpertz im Jahr 2012 eine vom Bundesforschungsministerium geförderte Studie, die die Abnehmerfolge von schwer übergewichtigen Personen erfasste.

Wie lautet aber das Erfolgsrezept eines Patric Heizmann? Weniger essen? Sport machen? Mehr trinken? Darauf läuft es natürlich hinaus. Aber das ist nicht der Initialfunke. Es ist vergleichbar mit der olympischen Flamme. Sie wird im griechischen Olympia entzündet und dann durch tausende Läufer bis zum Austragungsort gebracht. Aber die Entzündung des olympischen Feuers am Zielort würde nicht vonstattengehen, wäre nicht die Flamme in Olympia gezündet worden. Dieser Moment ist ja eigentlich nicht besonders beschwerlich. Jeder könnte vermutlich die Fackel am Feuer entzünden. Und doch ist dieser erste Schritt unumgänglich.

Bei Patric Heizmann lautet das Erfolgsrezept daher: Fang ganz klein an. Starte mit etwas, das du immer und überall durchhalten kannst.

Das kann ein Glas Wasser nach dem Aufstehen sein, um den ersten Hungerimpuls etwas nach hinten zu schieben. Es ist ein winziger Schritt, und wie schon beschrieben, scheitern viele Menschen schon an diesem Punkt. Trotzdem muss dieser Schritt tagtäglich gelingen. Über Wochen hinweg. Bis er zur Gewohnheit wird. Der nächste Schritt kann sein, dann mit dem Essen aufzuhören, wenn man satt ist. Also nie über den eigenen Appetit essen. Nicht aus Langeweile, nicht aus Gewohnheit oder um der Höflichkeit willen. Sobald wir großen Widerstand in unserem Inneren erfahren, wackelt der Erfolg. Ein Meilenstein ist es, eine passende Bewegung zu finden, die Freude macht. Z. B. Hip-Hop tanzen, Tennis spielen oder Rad fahren. Wer sich zum Joggen oder Gewichtheben zwingen muss, der hält im Schnitt ein halbes Jahr, bei gutem Willen vielleicht sogar ein Jahr durch, bevor der Frust die Oberhand gewinnt. Nur zehn Prozent können dauerhaft am Ball bleiben.

Jede nächste Stufe muss zünden. Niemals dürfen Sie sich hierbei überfordern und den Spaß an der Sache verlieren. Dann stehen die Chancen sehr gut, langfristig einen Erfolg zu erzielen.

Sie sehen, dass sich manche Tipps in leicht abgewandelter Form in diesem Buch ständig wiederholen. Ich habe die einzelnen Anekdoten und Erklärungen auch bewusst nicht in einen einzigen Abschnitt gepackt. Diese Art der Wiederholung wirkt auf Sie letztendlich einprägsamer als ein einzelnes Kapitel.

Raus aus dem Haus

Große Veränderungen im eigenen Denken brauchen Impulse. Ein sicherer Weg, um geeignete Impulse zu erlangen, ist das Verlassen der eigenen vier Wände. Das alleine kann schon für manche Menschen das Verlassen der Komfortzone bedeuten. Wir erinnern uns: Alles, was uns weg vom Alltag bringt, bedeutet einen Mehraufwand, und einen Mehraufwand will unser Gehirn vermeiden.

In meinem Leben waren es insbesondere Reisen, die mein Denken und Handeln geprägt haben. Damit meine ich nicht die Pauschalreisen auf Teneriffa (unbestritten ein tolles Klima und ideal zum Entspannen), sondern Entdeckungsreisen und Besuche auf Kongressen. Vor allem auf Letztere gehe ich gerne ganz alleine, denn dann bin ich gezwungen auf Leute zuzugehen und Gespräche zu suchen.

Ein Wendepunkt in unserer Unternehmensgeschichte gab es im Jahr 2015 auf einem Tanzlehrerkongress. Zu dieser Zeit war unsere Tanzschule schon stark gewachsen und lief objektiv gesehen sehr erfolgreich. Es gab meiner Ansicht nach rein gar nichts Grundlegendes zu verbessern. Maximal ein paar kleine Details wären noch hilfreich. Nie in meinem Leben hatte ich mich mehr getäuscht.

Eines Abends stand ich an der Bar im Foyer des Kongresshotels und unterhielt mich mit meinem Kollegen Harry Hagen. Die Musik war recht laut, denn auf dem Programm stand die sogenannte Jungtanzlehrerfete. Die meisten Anwesenden fühlten sich zwar jung, waren es aber nicht, mich übrigens eingeschlossen.

Wir waren beide schon ziemlich müde und vom Vortragsprogramm des Tages recht erschöpft. Harry wollte mir aber unbedingt noch von einem neuen, angeblich revolutionären Kurssystem berichten. Einige wenige Tanzschulen hatten dies schon umgesetzt und waren vom Erfolg überzeugt. Ich konnte mich weniger dafür begeistern und vertrat auch vor mir selbst immer wieder die Ansicht, dass wir unsere selbstgesteckten Ziele ja schon übertroffen hätten. Aber mein Kollege gab nicht auf, und ich wollte nicht unhöflich sein. Darum hörte ich ihm geduldig weiter zu. Er nahm einen Zettel zur Hand und malte mir das revolutionäre System mit allen Facetten auf. Nach einer Weile spürte ich, wie mein innerer Widerstand plötzlich kippte. Denn auf einmal verstand ich, welch nie dagewesene Chancen diese Idee bot. Trotzdem hatte ich viele Fragen und war skeptisch, ob das auch so funktionieren konnte.

Ich recherchierte monatelang, rief befreundete Geschäftsinhaber an und besuchte gemeinsam mit meiner Frau und meinen Kollegen Tanzschulen in Bonn, Hannover und Wien, um mich vor Ort zu überzeugen.

Letzten Endes haben wir die Idee umgesetzt und unseren Umsatz innerhalb weniger Jahre verdoppelt. Wir konnten dadurch in all unsere Räume investieren. Ich habe mir den Zettel vom besagten Abend aufgehoben. Es ist ein wirres Geschmiere und für Außenstehende ist praktisch nicht zu deuten, was da überhaupt zu sehen ist.

Für mich ist dieser Zettel eine Erinnerung für die Ewigkeit und gleichzeitig eine Mahnung, nie wieder zu gemütlich für neue Ideen zu werden. (Bild)

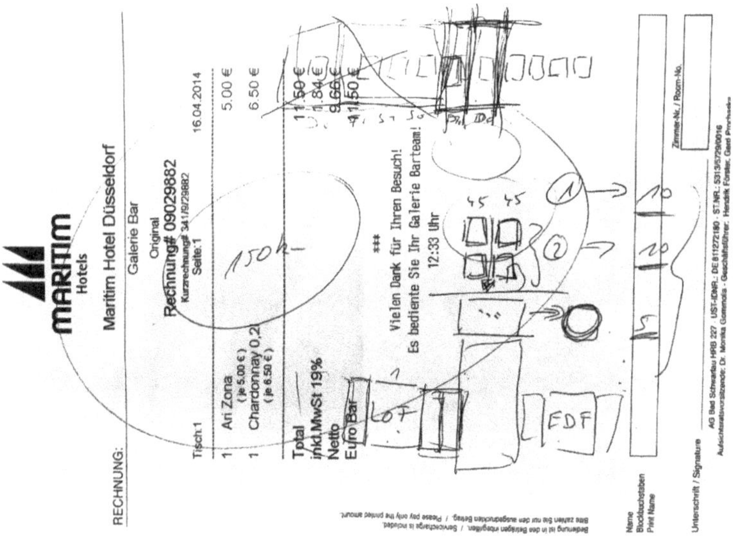
MARITIM Hotels
Maritim Hotel Düsseldorf
Galerie Bar
Original
Rechnung# 09029882
16.04.2014
RECHNUNG:
Tisch:1
1 Ari Zona 5.00 €
1 Chardonnay 0,2 6.50 €
Total 11.50 €
inkl.MwSt 19% 1.84 €
Netto 9.66 €
Euro Bar 11.50 €
Vielen Dank für Ihren Besuch!
Es bediente Sie Ihr Galerie Barteam!
12:33 Uhr

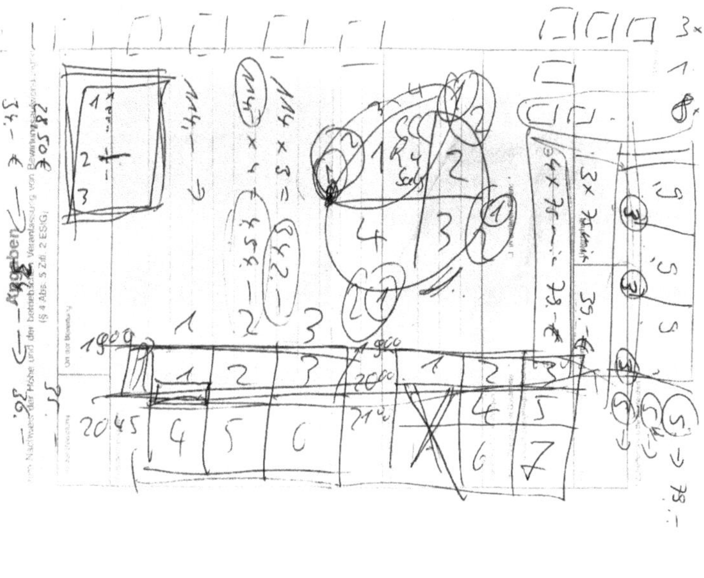

Einfach loslegen

Auf einem dreitägigen Seminar zum Thema Vermarktung habe ich einen weiteren sehr wertvollen Tipp für meine berufliche Laufbahn erhalten. Bevor ich diesen preisgebe, möchte ich allerdings etwas ausholen. In besagtem Seminar wurde sehr lange das Thema »Scheitern« behandelt. Unzählige Fragestellungen wurden diskutiert. Vor allem die Klassiker: Warum scheitern wir? Woran scheitern wir? Und wie können wir ein Scheitern vermeiden?

Wenn in Deutschland etwas nicht gut läuft oder schiefgeht, ist der Fokus meist sofort auf die Schuldfrage gerichtet. Es wird intensiv nach der Verantwortung gesucht. Denken Sie bitte einmal genau darüber nach, was passiert, wenn die Fußballnationalmannschaft verliert, ein Unternehmen in die Insolvenz rutscht oder die Politik unglückliche Entscheidungen trifft. Wie die Geier stürzt sich die Presse auf die Beteiligten. Und die Gesellschaft macht fröhlich mit. Wie viele Stimmen gibt es, die in solchen Fällen positive Aspekte suchen und benennen? Wir wurden leider gesellschaftlich in dieser Hinsicht sehr einseitig geprägt. Und das hat sich so tief in unser Bewusstsein gefressen, dass wir bei unserer Arbeit Fehler tunlichst vermeiden wollen. Das mag auf den ersten Blick wunderbar erscheinen, aber insbesondere an einer Stelle ist es desaströs: am Anfang.

Haben Sie schon mal beobachtet, wie viele Menschen sich beim Brainstorming schwertun? Sie verwerfen Gedanken, bevor sie sie überhaupt aussprechen. Es könnte ja ein Fehler sein! Doch beim Brainstorming gibt es keine Fehler. Jeder Hinweis, jeder Gedanke kann ein Impuls für einen anderen Gedanken sein.

Bei einer Unternehmerrunde erzählte ein Coach folgende Anekdote: Ein Reiseunternehmen bat seine Mitarbeiter in einem Workshop, alle Zielgruppen zu benennen, die noch nicht als Kunden gewonnen werden konnten oder für die es noch kein geeignetes Angebot gab. Es galt die Losung: Egal, welcher Vorschlag kommt, und mag er noch so krude und ausgefallen sein, alles wird notiert. Die Mitarbeiter waren angehalten, Karten zu schreiben und diese an eine große Pinnwand zu heften. Als die Zeit abgelaufen war, las der Moderator des Workshops die Vorschläge laut vor. Die ersten Karten waren nicht wirklich einfallsreich, aber dann stockte seine Stimme für einen Moment. Auf der Karte stand das Wort »Tote«. Die Mitarbeiter lachten zunächst über den Vorschlag. Doch dann nahm die Diskussion Fahrt auf. Was passiert mit den Menschen, die irgendwo im Ausland oder auf See bestattet werden möchten? Und wie kommen die Angehörigen dorthin? Wer organisiert vor Ort den Pfarrer und erledigt die Formalitäten?

Aus dieser Idee ist eine lukrative Sparte des Unternehmens geworden. Es war die erfolgreichste Idee, die bei diesem Workshop mit mehreren hundert »Mitdenkenden« herauskam.

Auf dem Seminar, das ich besucht hatte, fiel ein ganz entscheidender Satz, den ich seither für mich verinnerlicht habe und der mich in meiner Arbeit prägt. Es ist, wie eingangs gesagt, einer der wertvollsten Tipps, die ich je bekommen habe. Er lautet: Einfach anfangen. Egal wie das Ergebnis aussieht. Fangen Sie einfach an. Und weil es sich schnell überliest, rate ich Ihnen, das Buch jetzt kurz wegzulegen und einmal darüber nachzudenken.

Buch weglegen und kurz darüber nachdenken ;-)

Im ersten Schritt geht es ausschließlich darum, Ideen zu sammeln und Gedanken aufzuschreiben oder eine erste Handlung auszuführen. Es geht an diesem Punkt noch nicht um eine Sortierung oder Lösung. Es geht auch noch nicht um Korrektur oder Anpassung. Es ist zunächst ein kleiner, erster Schritt.

Wie eingangs schon erwähnt: Dieses Buch hat seinen Anfang im Urlaub genommen. Das Thema »Komfortzone« hat mich am Strand von Kos nicht mehr losgelassen. Daraufhin habe ich angefangen, meine Gedanken zu sammeln. Zunächst einfach nur im Kopf. Es kamen immer mehr Ideen dazu. Die Texte waren grottenschlecht, unsortiert und in einem solchen Kauderwelsch verfasst, dass ich manchmal selbst nicht mehr wusste, welchen Gedanken ich eigentlich verfolgt hatte.

Alles egal. Ich hatte mehr als sechzig unterschiedliche Ideen zum Thema Komfortzone zusammengetragen. Nach und nach habe ich dann die Texte korrigiert, sortiert und in eine sinnvolle Reihenfolge gebracht. Erst danach bin ich auf mein Laptop umgestiegen, und erst wesentlich später wurde die Rohfassung des gesamten Buchs lektoriert. Hätte ich zu Beginn gewusst, wie viel Aufwand man für ein Buch treiben muss, ich hätte nie damit angefangen. Andererseits wäre ich vielen interessanten Menschen erst gar nicht begegnet und so bin ich froh, dass der anfangs kleine Stein ins Rollen kam.

Technik nutzen

Manchmal können wir uns zu bestimmten Aufgaben nicht aufraffen, weil Hindernisse im Weg stehen, die scheinbar unüberwindlich sind. Allerdings haben sich in den letzten Jahren zahlreiche technische Möglichkeiten aufgetan, die uns helfen, unsere Ziele besser zu erreichen. Hierzu ein Beispiel:

Eines meiner Hobbys ist die Musikproduktion. Meine Fähigkeiten sind allerdings ziemlich eingeschränkt. Im Grunde beherrsche ich nur zwei Dinge: Ich kann ein wenig Klavier spielen, und ich habe eine gewisse Begabung darin, kleine Melodien zu komponieren. Ich kann aber weder Noten lesen noch besitze ich ein tieferes Wissen in Sachen Musikproduktion. Das alles hat mich jedoch nicht davon abgehalten, eine komplexere Aufnahme mit mehreren Instrumenten zu realisieren. Geholfen haben mir dabei eine Musiksoftware, ein dazu passendes Keyboard sowie ein vorhandenes Programm auf meinem Laptop.

Mit der Software kann ich auf meinem Keyboard ein Streichorchester, einen Bläsersatz oder andere Instrumente in einer soliden Soundqualität nachahmen. Mein Laptop ersetzt dabei ein komplettes Tonstudio. Hier habe ich die Möglichkeit genutzt, die Tonspuren separat aufzunehmen und so kleinere Kompositionen zu realisieren. Das nötige Know-how habe ich mir allein über das Anschauen von Videotutorials im Internet aufgebaut. Ich habe das selbst nicht für möglich gehalten, denn schon nach dem ersten Tutorial war ich leicht frustriert. Die vielen Fachbegriffe haben mich verwirrt, und ich konnte auf den ersten Blick keine Struktur erkennen. Mein Vorgehen war folgendes: Ich habe alle Begriffe gegoogelt und dann jedes einzelne Video mehrmals angeschaut. Damit hatte ich das nötige Verständnis, um den Inhalt zu begreifen.

Nach dem Überschreiten dieser ersten imaginären Grenze zur Verständlichkeit war es dann einfacher, die folgenden Tutorials zu verstehen. Erst die Erklärung der einzelnen Spezialbegriffe war der Anlauf, um den Sprung über die Klippe zu bewerkstelligen. Im Endeffekt habe ich rund vierzig Stunden, also vier bis fünf Arbeitstage aufwenden müssen, um mir einen umfassenden Überblick über die Herausforderungen der softwaregestützten Musikproduktion zu verschaffen.

Mein Fazit: Um ein Werk oder eine Arbeit zu vervollständigen, reicht es heute, wenn nur einzelne Teile zur Verfügung stehen. Vergleichbar mit einem Puzzle. Dank der technischen Möglichkeiten und des potenziellen Zugriffs auf das Wissen von Millionen Experten können wir Lücken problemlos schließen.

Mein Beispiel lässt sich auch auf andere Themengebiete übertragen. Die heutigen Möglichkeiten sind einzigartig. Noch nie in der Geschichte der Menschheit war es einfacher, an Wissen zu gelangen. Jedes Jahr wächst das Portfolio von Wikipedia, YouTube und anderen Kanälen um Millionen Einträge und Erklärvideos. Ein Großteil davon ist sogar kostenfrei, und wenn Gebühren anfallen, dann sind es nur ein paar Euro pro Monat. Nutzen Sie also das Potenzial, welches uns die Technik heute bietet.

Zu zweit geht alles besser

Wer möchte nicht gerne mehr Sport treiben? Gut elf Millionen Menschen sind hierzulande in Fitnessstudios angemeldet. Die Branche schätzt, dass rund die Hälfte ihre Mitgliedschaft eher als stille Beteiligung oder Spende sieht. Ich muss gestehen, dass ich auch immer mal wieder angemeldet war, und weil ich mich einigermaßen motivieren kann, hielt ich auch oft zwei bis drei Jahre durch. Doch irgendwann hatte ich die Lust gänzlich verloren. Mittlerweile gehe ich nicht mehr alleine ins Training, sondern zusammen mit meiner Frau.

Ein Partner bzw. eine Partnerin hat aber auch eine andere wichtige Funktion. Ein Duo unterstützt sich in der Regel und muntert sich gegenseitig auf. Auch in anstrengenden Phasen ist ein gemeinsames »Heulen« ein reinigendes Ritual. Und wenn wir ehrlich sind, möchten wir uns auch nicht ganz so schnell die Blöße geben, wenn uns jemand anderes bei einer Tätigkeit begleitet.

Wenn Sie ein konkretes Projekt umsetzen wollen, dann ist es ratsam, einen Partner oder eine Partnerin mit ins Boot zu holen. Das funktioniert besonders gut beim Sport, Abnehmen, Entwöhnen vom

Rauchen, im Geschäftsleben, aber auch beim Erlernen von Sprachen, Kochen oder anderen Fähigkeiten. Auf Dauer halten Sie nur etwas durch, was Ihnen Spaß bereitet oder wenn Sie mit geringem innerem Widerstand Erfolge erzielen.

Natürlich kann das Prinzip auch auf eine Gruppe übertragen werden. Hier sollten Sie allerdings immer im Auge behalten, aus welchen Charakteren die Mitstreitenden bestehen. Der Druck kann sich eventuell erhöhen. Sie müssen nur für sich entscheiden, ob Sie den Druck brauchen oder Ihr Vorhaben letztendlich in Stress ausartet.

Riechen Sie das auch?

Im Jahre 2013 habe ich mit meiner Frau einen wunderbaren Kurzurlaub in Marokko verbracht. Wir waren für fünf Tage im Hotel Palais Namaskar in Marrakesch eingemietet, das zu dieser Zeit gerade neu eröffnet hatte. Der beeindruckende Komplex war ursprünglich nicht als Hotel konzipiert worden. Der Besitzer, der Millionär und Unternehmer Philippe Soulier, erschuf einen Ort, um dort seine Freunde unterzubringen und um private Feiern zu veranstalten. Als er bemerkte, dass er doch nicht so feierwütig war wie vermutet, beauftragte er eine Hotelgruppe mit der Bewirtschaftung des gesamten Komplexes. Das Gelände ist so weitläufig, dass man das Gefühl hat, fast alleine dort zu wohnen.

Am zweiten Tag unternahmen wir einen kleinen Ausflug in die Altstadt, um den Puls der Stadt hautnah zu erleben. Vom Hotel aus ließen wir ein Taxi rufen. Die Fahrt war äußerst unterhaltsam, weil unser Fahrer sogar ein bisschen Deutsch sprach und wir uns viel über die Stadt, das Land und die Kultur Marokkos unterhielten. Er bot an, auf uns zu warten, wann immer wir etwas besichtigen wollten.

Nach ein paar Kurztrips fragte er, ob wir nicht noch Safran in einem angeblich ganz besonderen Geschäft kaufen wollten. Ich vermute, der Ladenbesitzer war sein Bruder, Cousin oder Schwager. Trotzdem willigten wir ein und fuhren zum besagten Geschäft. Der Laden war hell eingerichtet und versprühte ein bisschen den Hauch von »Tausendundeine Nacht«. Vor allem verströmten Gewürze und Seifen angenehmste Gerüche. Meine Frau und ich waren sehr angetan und kauften neben dem besagten Safran auch eine Hautcreme und eine außergewöhnlich riechende Seife.

Ich kann es nicht genau beschreiben, aber der Geruch dieser Seife löst in meinem Kopf etwas aus. Es fühlt sich an wie eine Prise Glückseligkeit.

Der Geruchssinn ist der erste Sinn überhaupt im Leben, der sich bei uns Menschen nach der Geburt entwickelt. Neugeborene erkennen beispielsweise dank ihrer Nase die eigene Mutter. Der Mensch kann rund 10 000 Gerüche wahrnehmen. Bewusst benennen können wir allerdings nur etwa vierzig charakteristische Aromamischungen.

Gerüche wecken Fantasien, schüren Ängste oder lassen uns entspannen. Wir werden viel stärker von ihnen beeinflusst, als wir vermuten. Düfte haben einen direkten Draht zu unserer Seele. Jede Wahrnehmung wird zuerst durch unser limbisches System aufgenommen, also unterbewusst. Erst im zweiten Augenblick gelangen die Informationen ins Großhirn und werden verarbeitet bzw. zugeordnet.

Doch warum erzähle ich Ihnen das alles? Weil Sie sich dieses Wissen zunutze machen können. Fragen Sie sich selbst: »Welche Düfte lösen etwas in mir aus und warum?« Wenn ein Geruch Sie in eine bestimmte Stimmung versetzen kann, dann wäre es sinnvoll, dass Sie sich zu Hause eine Duftschatzkiste zulegen. Vielleicht finden Sie einen Duft, der bei Ihnen Entspannung oder Konzentration hervorruft. Das kann wiederum helfen, sich auf Ziele zu konzentrieren oder Kraft zu sammeln.

Mein Stück Seife aus Marokko habe ich seit vielen Jahren nur ein oder zweimal zum Waschen benutzt. Es liegt in meinem Schrank im

Arbeitszimmer. Jedes Mal, wenn ich ihn öffne, spüre ich diese Prise von Glückseligkeit. Ein wunderbares Gefühl.

Noch eine kleine Kuriosität am Rande: Forscher fanden heraus, dass die der für den Geruchssinn zuständigen Gene die größte Genfamilie des Menschen überhaupt darstellt. Diese Gene sind auf fast allen Chromosomen verteilt – außer auf dem Y-Chromosom. Männer können also mit Sicherheit nichts riechen, was Frauen nicht auch riechen können.

Unterstützung im Alltag

Welche alltäglichen Situationen benötigen einen großen und immer wiederkehrenden Aufwand? Einkaufen? Kochen? Aufräumen? Putzen? Überblick über Ihre Gedanken und Verpflichtungen behalten? Lösen Sie sich von diesen aufwändigen Aufgaben, wenn sie in Ihrem Leben existieren. Sie verfeuern vielleicht damit einen Großteil Ihrer Energiereserven.

Im Folgenden ein paar Anregungen, die bei uns zu Hause für Freiräume gesorgt haben:

Wir besitzen einen Saugroboter. Dieser saugt die Wohnung zu ca. achtzig Prozent. Das ist eine einmalige Investition und wirkt dauerhaft Wunder. Die restlichen zwanzig Prozent sind natürlich noch Handarbeit, denn irgendetwas krümelt immer vom Tisch. Mit der Zeit stellt sich aber ein weiterer Effekt ein. Durch das regelmäßige Saugen verringert sich der Staubgehalt generell. Ablagerungen auf Schränken, Kommoden oder Bilderrahmen nehmen signifikant ab.

Des Weiteren haben wir uns einen Thermomix zugelegt. Damit lassen sich dutzende Gerichte ohne großen Aufwand kochen. Während man im Normalfall den Herd nicht verlassen kann, bietet so eine Maschine die Möglichkeit, auch während der Kochzeit andere Tätigkeiten zu erledigen. Wer einigermaßen Organisationstalent besitzt, kocht eventuell sogar vor und friert portionsweise ein. Zu empfehlen ist natürlich im Allgemeinen eine Haushaltshilfe, die vielleicht zweimal die Woche die Wohnung grundreinigt oder diverse Einkäufe erledigt.

Ein ganz großer Schritt in meinem Leben war das Ende der analogen Zettelwirtschaft. Seit einigen Jahren lege ich alle Ideen, Gedanken oder To-dos in einer Liste auf meinem Handy ab, das mit meinem Computer synchronisiert ist. Hierzu benutze ich Microsoft To-do. Diese Liste ist sehr simpel angelegt und als App kostenlos zu haben. Wer auf ein umfangreicheres Programm umsteigen möchte, dem bietet das Internet eine große Palette an Möglichkeiten. Wichtig ist nur eines: Verzetteln Sie sich nicht, sondern bleiben Sie ganz stur bei einem einzigen Programm, denn es gibt auch eine digitale Form der Zettelwirtschaft.

Allerdings helfen Ihnen die neu gewonnenen Freiräume nur dann etwas, wenn Sie diese zu nutzen wissen.

Wenn also wirklich eine Umwandlung von stupider und kraftraubender Arbeit in kreative Aktivitäten außerhalb der Komfortzone geschieht.

Wie dröge Arbeiten plötzlich Freude machen

Wer spült schon gerne ab? Wer macht mit großem Vergnügen seine Steuererklärung? Und wer kann es kaum erwarten, seine Wohnung zu putzen? Wenn Sie schon nicht die Möglichkeiten haben, unangenehme Tätigkeiten abzugeben, dann gibt es zum Glück erprobte Lösungsansätze. Manch einem Zeitgenossen scheinen diese Aufgaben ja leichtzufallen. Was machen diese Menschen eigentlich anders? Die Lösung ist einfacher, als viele glauben.

Handlungen lassen sich zumeist in einzelne, aufeinanderfolgende Abschnitte unterteilen. Ich vergleiche das mit einem Theaterstück.

Nehmen wir also mal die unordentliche Wohnung, welche aufgeräumt werden müsste.

Akt eins, Vorhang geht auf. Szenerie: Auf dem Boden liegen mehrere Schuhe, verschmutzte Kleidung ist über Sofa und Stühle verteilt. Von gestern Abend liegen noch die Krümel der Pizza auf dem Boden, und ein Stapel Notizen von der Arbeit bedeckt den halben Esstisch. Nun kommt Ihr Auftritt. Ihr Blick schweift umher. Sie sehen die viele Arbeit. Gedanken schwirren durch Ihren Kopf. Sie machen große Augen. Was wird passieren? Der Vorhang schließt sich.

Akt zwei: Der Vorhang ist noch geschlossen, aber man hört einen spannungsgeladenen Sound. Es ist Ihr Lieblingslied. Der Vorhang geht auf, Sie krempeln die Ärmel hoch. Mitgerissen von der Musik machen Sie sich ans Werk. Sie singen mit. Der Grad der Unordnung in der Wohnung nimmt von Minute zu Minute ab. Erste Bereiche der Wohnung erstrahlen in neuem Glanz. Der Vorhang fällt.

Akt drei: Jetzt haben Sie noch gesaugt und Staub gewischt. Es ist geschafft! Die Wohnung ist sauber und aufgeräumt. Sie sind aus mehreren Gründen glücklich. Erstens: Die Arbeit ist erledigt. Zweitens: Sie haben sich sportlich betätigt. Drittens: Die gute Musik hat Ihre Laune deutlich angehoben. Viertens: Sie haben vielleicht endlich ein paar Sachen gefunden, die Sie so dringend gesucht haben. Fünftens: Endlich können wieder Gäste kommen, ohne dass Sie sich schämen müssen.

Menschen mit dieser Einstellung machen meist eine Sache ganz automatisch richtig: Sie setzen ihren Fokus jeweils auf die einzelnen, aufeinanderfolgenden Schritte, ohne das Ziel aus den Augen zu verlieren, und damit auf den positiven Aspekt der Handlungen.

Schon während der Arbeit auf das Ziel hin werden im Gehirn zahlreiche Glückshormone ausgeschüttet. Umfragen zufolge sagen sehr viele Menschen über sich selbst: »Am glücklichsten fühle ich mich, wenn ich eine Aufgabe erledigt oder ein Ziel erreicht habe.« Das gilt übrigens im Privaten wie auch bei der Arbeit. In Berufen, in denen Mitarbeiter ihre Ziele selten oder nie erreichen (oder noch schlimmer: gar keine haben), ist der Frustrationsgrad am höchsten. Der Mensch ist so programmiert, dass er gerne etwas erledigt und geschafft hat. Ziellos irgendwelche Akten wegarbeiten ist mit das Schlimmste, was als Aufgabe zu erledigen ist. Eine große Verbesserung ist schon, wenn feststeht, dass es beispielsweise vierzehn Akten sind und die Aufgabe ein in realistischer Zeit erreichbares Ende hat. Sonst kann sich das Glücksgefühl, etwas geschafft zu haben, nie einstellen.

Mühelos zwölf Stunden am Tag arbeiten?

Nicht wenige Menschen zählen schon montags in der Mittagspause die Stunden bis zum Wochenende. Jede Minute wird von da an zur Qual. Und ich möchte ganz ehrlich sein, solche Jobs hatte ich auch schon in meinem Leben. Leider hat das angefangen bei meinem Zivildienst. Stundenlang wurden Akten sortiert, Urinproben von A nach B getragen und ähnliche Arbeiten. Es gab einfach kaum Tätigkeiten, bei denen die Zeit mit Freude verging. Das Highlight in zwölf Monaten war der Auftrag eines der Chefärzte, der eines Morgens auf mich zugerannt kam mit den Worten: »Hey Matthias, wir haben eine Lieferung Medikamente bekommen, und die hängt in Frankreich fest. Kannst du bitte schnell meinen Porsche nehmen und das Zeug dort abholen?« Dies war leider die einzig nennenswerte Begebenheit in der gesamten Zeit.

Aber es gibt auch Leute, die mühelos zwölf oder mehr Stunden mit Begeisterung ans Werk gehen.

Einer dieser Menschen wurde am 25. Oktober 1881 in Malaga geboren. Seine Eltern ahnten vielleicht schon von seiner Schaffenskraft, und man könnte meinen, sie wollten, dass sich dies in der Länge des Namens widerspiegeln würde. Kreativ und für heutige Verhältnisse sehr ungewöhnlich waren einige der Namen auf jeden Fall. Zum Beispiel Francisco de Paula, Juan Nepomuceno, María de los Remedios und Crispiniano de la Santísima Trinidad. Da klang der Rest (Pablo, Diego und José) fast schon ein wenig langweilig.

Im Alter von gerade einmal zehn Jahren begann er seine Ausbildung. Er wurde an einer Schule für Bildende Künste aufgenommen. Seine kleinen Kunstwerke begann er mit dem Kürzel »P. Ruiz« zu signieren. Mit vierzehn Jahren gelang ihm die Aufnahmeprüfung an der Kunstakademie »La Llotja« in Barcelona, und so begann die Karriere eines der größten Maler aller Zeiten, Pablo Picasso. Er schuf geschätzt 50 000 Kunstwerke in seinem Leben, das sind hochgerechnet fast zwei pro Tag!

Picasso war für seine große Schaffenskraft bekannt. Auch Tage mit zwölf oder mehr Arbeitsstunden waren keine Seltenheit. Wenn man seine prall gefüllte Biografie mit den zahlreichen Affären liest, fragt man sich irgendwann: Wie war das alles möglich? Und wie konnte er sich andauernd aufraffen so viele Bilder und Objekte zu erschaffen?

In meinem Leben gab es nach dem Zivildienst eine ganz große Veränderung. Diese Veränderung hat dazu geführt, dass ich die Zeit nun aus einem ganz anderen Blickwinkel sehe. Ich zähle die Stunden bis zum Wochenende nicht mehr. Ganz im Gegenteil, ich freue mich auf Montagmorgen und sogar zwölf Stunden Arbeit sind oftmals ein reines Vergnügen. Dahinter verbirgt sich eine ganz simple Logik, die uns ein Genie wie Picasso vorgelebt hat, weshalb er auch ein großes Vorbild für mich ist: Wer etwas gerne macht, ist unendlich produktiv, weil es sich einfach nicht nach Arbeit anfühlt.

Für uns alle gibt es natürlich auch unliebsame Tätigkeiten. Sogar zuhauf! Ich schlage mich auch nicht gerne mit Formularen, Steuererklärungen oder Versicherungsfragen herum. Aber all das sind Bausteine, die notwendig sind, um bestimmte Projekte zu realisieren.

Und auch bei Picasso wird es Momente gegeben haben, die er als notwendiges Übel in Kauf genommen haben mag. Vielleicht hat er sich über das ständige Auswaschen der Pinsel geärgert oder war überfordert mit finanziellen Angelegenheiten. Aber die Haupttätigkeit hat in ihm so viel Freude ausgelöst, dass die Nebenkriegsschauplätze in den Hintergrund gerückt sind. Und das wiederum verleiht uns Kraft, die Komfortzone zu verlassen.

Kohärenz – ein Phänomen, das unser Leben prägt

»Natürlich weiß ich, was ich hier mache!« – Dieser Satz kommt uns schnell über die Lippen. Und ja, unser Gehirn suggeriert uns, dass wir gemeinhin absichtsvoll handeln. Aber wer sich mit dem Thema »Unterbewusstsein« näher beschäftigt, weiß, dass dem natürlich mitnichten so ist.

Ein ästhetisches Tanzpaar, ein imposant geschmückter Weihnachtsbaum oder auch ein schönes Lied können bei uns Freude auslösen. Wir empfinden eine selbstverständliche Harmonie.

Doch das kommt nicht von ungefähr, denn wir haben durch unsere Erlebnisse und Prägungen bestimmte Vorstellungen erlangt oder vorgelebt bekommen. Wenn sich diese erfüllen, sind wir glücklich und zufrieden. Dieses Phänomen wird Kohärenzstreben genannt. Wir wollen, dass etwas so passiert, wie wir es kennen oder gutheißen. Wenn wir den Zustand der Kohärenz erlangen, dann schwingen unsere Hirnströme im Gleichtakt und unser Belohnungssystem wird aktiviert.

Folglich gibt es in Filmen meist ein Happy End. Wir wollen, dass die »Guten« gewinnen, wir hoffen, dass das Liebespaar zusammenfindet. Dieses Phänomen macht sich auch die Werbung zunutze. Unliebsamer Effekt ist, dass wir uns nur gut fühlen, wenn wir dem in der Werbung angepriesenen Schönheitsideal entsprechen oder bestimmte Statussymbole erwerben.

Auch beim Thema Fußball kommt das Streben nach Kohärenz zum Tragen. Wenn Sie beispielsweise in Gelsenkirchen zur Welt kommen, dann ist die Wahrscheinlichkeit groß, dass Sie Schalke-Fan werden. Ihnen wurde dieses Verhalten sozusagen eingeimpft. Gewinnt Ihr Verein dann ein Spiel, sind Sie überglücklich. Wunsch und Wirklichkeit werden eins.

Aber es gibt durchaus sehr skurrile Verknüpfungen, die nicht so einleuchtend sind. So beschrieben die US-Forscher Lawrence Williams und John Bargh im amerikanischen *Science*-Magazin einen ungewöhnlichen Zusammenhang. Wenn wir eine warme Tasse Kaffee in den Händen halten, während wir uns mit einer anderen Person unterhalten, empfinden wir diese als sympathisch und warmherzig. Gibt uns jemand zum Gruß die Hand, und diese ist kalt, so sind wir geneigt zu glauben, dass dieser Mensch egoistisch sei.

Und dann gibt es noch einen Aspekt, der sich mitunter als gefährlich erweisen kann. Menschen biegen Ereignisse oder eigene Erlebnisse so hin, damit sie in ihr Weltbild passen.

So erkannten Gläubige im Mittelalter bei einer Sonnenfinsternis ein Werk Gottes, sahen in rothaarigen Frauen den Teufel, oder Extremisten meinen, dass sie im Namen Gottes töten müssen. Der Volksmund nennt so etwas dann Gehirnwäsche.

Doch man muss gar kein Extremist sein, um dem Phänomen zu erliegen. Manch Manager glaubt, dass sein neuer Führungsstil den Aufschwung gebracht hat, obwohl die Impulse von ganz anderer Stelle hervorgerufen wurden.

Wir Menschen suchen ständig nach einem Sinn, sei es im Beruf, in der Politik oder im Leben allgemein. Wenn etwas Sinn ergibt, erleben wir es als kohärent. Doch objektiv betrachtet hat das Leben vermutlich gar keinen übergeordneten Sinn. Unser Gehirn erzeugt die kleinen und großen Sinnzusammenhänge einfach als nachträgliche Erklärung für unser Verhalten und unsere Erlebnisse. Da Unordnung und Zufall dem Gehirn unangenehm sind, sucht es ständig nach Struktur und logischen Zusammenhängen.

Und wenn es diese nicht gibt, werden sie eben hergestellt. Sinn ist also nur ein Begriff für das, was unser Gehirn erzeugt, um Kohärenz zu erleben. Nichtsdestotrotz – je stimmiger uns die Welt erscheint, desto glücklicher werden wir. Wer diesen Zusammenhang kennt, kann dieses Phänomen durchaus im positiven Sinne für sich nutzen.

Ein konkretes Beispiel wäre wieder einmal: Setzen Sie sich erreichbare Ziele, möglichst unterteilt in kleine Schritte. Bei jedem Teilerfolg fühlen Sie sich bestätigt und das Streben nach Kohärenz wird befriedigt. In meinem Kopf gibt es ein virtuelles Konto für Mut und Selbstvertrauen. Wenn das prallgefüllt ist, verlasse ich auch gestärkt meine Komfortzone, denn es erscheint mir sinnvoll neue Wege zu beschreiten.

Ansichtssache

Die Zeit ist nicht nur in physikalischer Hinsicht relativ, sondern auch in unserer subjektiven Empfindung. Wenn Sie auf einer aufregenden Party feiern oder ein spannendes Gespräch führen, dann vergeht die Zeit wie im Flug. Sitzen Sie aber für acht Stunden im Zug oder warten beim Arzt auf Ihren Termin, dann dehnt sich die Zeit scheinbar ins Unendliche.

Wir verschwenden unsere Zeit in vielerlei Hinsicht, als hätten wir zu viel davon. Wir träumen von zukünftigen Reisen, tollen Jobs, einem großen Haus mit Garten oder einem Sabbatical. Aber die meisten Menschen schieben all ihre Träume in eine ferne Zukunft, als hätten sie ein ewiges Leben vor sich. Diese Betrachtungsweise lässt sich jedoch ganz einfach ändern. Eventuell erschrecken Sie jetzt gleich bei den kommenden Zeilen und sehen das Leben plötzlich aus einer anderen Perspektive. Aber nur Mut.

Ich habe vor ein paar Jahren begonnen, die Lebensuhr umzudrehen. Ich zähle die mir noch in diesem Leben verbleibenden Tage. Mit etwas Glück sind es beim Zeitpunkt des Erscheinens dieses Buches noch ca. 18 000 Tage auf dieser Erde, um die Dinge anzugehen, die ich erleben möchte. Es läuft sozusagen ein Countdown.

Der geänderte Blickwinkel hat mich stark motiviert. Sie sehen ziemlich schnell, dass das gar nicht mehr so viel ist. Und wenn Sie Pech haben, dann verlassen Sie die Erde schon mit sechzig Jahren mit einem Schlaganfall oder Herzinfarkt.

An der Stelle nehmen Sie jetzt vielleicht einen Taschenrechner zur Hand. Nur zu.

Ein Motivationscoach hat mir vor einiger Zeit erzählt, dass es eine ganz spezielle Methode gibt, um eine signifikante Änderung des Blickwinkels hervorzurufen. Teilnehmende eines Seminars sprechen zunächst über ihre Lebenseinstellungen und Probleme. Nach einer bestimmten Zeit fordert der Seminarleiter die Gruppe auf, in einen anderen Raum zu wechseln. Dort steht ein geöffneter Sarg. Wer möchte, darf sich nun hineinlegen und ein Gefühl für den eigenen Tod erlangen. Manch einer ist nach dieser Prozedur von allen Selbstzweifeln geheilt.

Vielleicht stellen Sie sich diesen Moment auch einmal vor, legen sich auf den Boden, falten die Hände auf der Brust und schließen die Augen. Wie fühlt sich dieser Moment an?

Investieren Sie in sich selbst

Als Arbeitgeber habe ich in den letzten fünfundzwanzig Jahren viele Personalgespräche geführt. Vorstellungsgespräche, Kündigungsgespräche, Quartalsgespräche. Grob überschlagen waren es ca. 400 bis 500. Sehr oft stelle ich folgende Frage: »Was möchtest du erreichen?« Oder: »Wo siehst du dich in den kommenden Jahren?« Noch nie hat mir jemand diese Frage mit »Das passt alles wunderbar, ich habe mich zu Ende entwickelt« beantwortet. Alle Menschen wollen sich weiterentwickeln. Angeblich.

Im Durchschnitt verbringen wir pro Tag ca. 350 Minuten im Internet. Dazu kommen noch einmal 100 Minuten Fernsehen. Sicherlich lernen wir dort auch ab und zu nützliche Sachen. In der

Regel klicken wir uns allerdings viel durch die sozialen Medien ohne Sinn und Verstand.

Angenommen, Sie würden es schaffen, pro Tag nur 200 Minuten zu verplempern und den Rest in sich zu investieren. Sie würden pro Jahr eine weitere Fremdsprache oder ein Instrument beherrschen. Sie könnten sich in Spezialgebiete vertiefen und sich so als interessanter Gesprächspartner qualifizieren. Die Zeit würde auch locker reichen, um alle zehn bis zwölf Monate ein Buch zu schreiben.

Seien Sie mutig – wagen Sie mal einen Blick in die vergangenen zehn Jahre Ihres Lebens. Vielleicht ist hier einiges liegengeblieben. Wir können die Zeit nicht zurückdrehen, aber wir können uns bewusst machen, welche Chancen und Möglichkeiten vor uns liegen. Das berühmte FDH (friss die Hälfte) lässt sich auch wunderbar auf die Neuen Medien und andere Zeitfresser anwenden.

Finden Sie die beste Version von sich selbst

Ich habe Jahre darüber nachgedacht, was eigentlich meinen persönlichen Erfolg ausmacht. Es gibt darauf nicht die eine klare Antwort, es sind vielmehr eine Reihe von verschiedenen Faktoren. Auch Zufälle spielen eine Rolle. Ein Zufall kann sein, dass wir entdecken, was wir können.

Mein IQ liegt angeblich etwas über dem Durchschnitt, aber leider nicht sehr viel. In der Schule war ich gutes Mittelmaß. In den Klassen sechs bis zehn hatte ich etwas den Anschluss verloren, zum Abitur habe ich mich dann zwar wieder aufgerafft, aber mehr durch Qual als durch Hingabe. Letztendlich bin ich gerade so im oberen Drittel gelandet. Nichts davon war eine Leistung, die ein durchschnittlich befähigter Schüler nicht auch hätte erreichen können.

Handwerkliches Geschick ist bei mir quasi nicht vorhanden, ich besitze die sprichwörtlichen zwei linken Hände. Gibt es die Möglichkeit, ein Regal, einen Schrank oder eine Kommode spiegelverkehrt aufzubauen, sodass am Ende das letzte Teil nicht passt, dann schaffe ich das auf jeden Fall. An mir können schwedische Möbelhersteller problemlos testen, ob ihre Baupläne und Anleitungen idiotensicher erklärt sind. Nicht ohne Grund gilt meine Frau als der einzige Mensch mit handwerklichen Fähigkeiten bei uns im Haus.

Rückblickend ist mein beruflicher Erfolg von einigen Zufällen positiv beeinflusst worden. So schleppte mein bester Freund, und heutiger Mitinhaber der Tanzschule, mich etwa zu einem Tanzkurs, sonst wäre ich vermutlich nie mit der Branche in Berührung gekommen (ein paar Details hierzu erzähle ich noch in einem anderen Kapitel).

Wie also kam letztendlich der Erfolg in meinem Leben zustande? Das ist keine Frage, die sich mit einem schicken und klugen Lebensmotto zusammenfassen lässt. Das wäre zwar schön, aber leider auch gelogen. Es gibt allerdings einen roten Faden und vielleicht hilft es Ihnen, wenn ich davon erzähle.

Wie jeder Mensch habe auch ich ein paar Talente in die Wiege gelegt bekommen. Zum Beispiel kann ich andere Menschen überzeugen und mich schnell an wechselnde Situationen anpassen. Ich bin zudem neugierig, angstfrei, wissbegierig und optimistisch. Wie konnte ich diese Talente in meinem Leben für meinen Erfolg einsetzen? Zuallererst muss ich zugeben, dass ich vieles davon lange Zeit unbewusst gemacht habe. Erst nach und nach habe ich gelernt und auch verstanden, meine Fähigkeiten bewusst und gewinnbringend einzusetzen.

Ein großes Geheimnis meines Erfolges ist schnell erklärt: Wenn ich etwas nicht weiß oder kann, dann suche ich mir Hilfe. Das ist so simpel, ja geradezu banal. Und trotzdem ist das der Grund, warum viele Menschen scheitern. Sie fragen einfach nicht. Natürlich weiß ich um die Hemmnisse. Wir haben Angst, uns zu blamieren. Wer will schon als Idiot dastehen, wenn es um simple Fragen geht? Und natürlich gibt es auch die erlernte Angst vor Zurückweisung, wie zu Anfang des Buches beschrieben. Ich habe aber daraus gelernt, dass es zu meinen Talenten gehört, mich angstfrei auf die Suche nach Antworten zu machen.

Das nächste Talent, das mir für meinen Erfolg zugutekommt: Ich habe erkannt, dass Kritik wertvoll ist. Auch so ein Postkartenspruch, werden Sie jetzt vielleicht denken. Ja, Sie haben recht. Aber beobachten Sie mal unsere Gesellschaft oder auch sich selbst. Was ist der erste Gedanke, der Ihnen durch den Kopf schießt, wenn Sie kritisiert werden? Dumme Sau? Arschloch? Mach's doch besser? Wenn wir angegriffen werden, schaltet unser Unterbewusstsein auf Abwehr. Diese Erstreaktion können Sie sich eigentlich nicht abtrainieren. Sie können nur eines – die Übertragung vom Gehirn zur Zunge unterbrechen und den ersten Gedanken runterschlucken.

Ich kann nicht leugnen, dass es seelischen Schmerz bereitet, wenn ein lang betreutes Projekt, in das ich viel Herzblut und Zeit investiert habe, von Menschen aus meinem Umfeld mit den Worten »Was soll das denn sein?« infrage gestellt wird. Aber wie sagt mein Geschäftspartner Johnny immer so schön: »Der Wahrheit ist es egal, ob sie dir gefällt oder nicht.« Natürlich frage ich bei meinen Projekten oder Ideen nicht nur ein oder zwei Personen. Wenn aber acht von zehn Befragten dieselbe Ansicht teilen, dann muss ich für mich klären, ob ich einen unerkannten genialen Geistesblitz hatte oder ob ich blind für die Realität war. Wie auch immer das Ergebnis meiner Befragungen ausfällt; ich werde in den meisten Fällen in eine gute Richtung gelenkt. Ich erhalte oft sogar Vorschläge oder Anpassungen, die ich gar nicht auf dem Schirm hatte.

Fassen Sie doch einmal Ihre Talente zusammen. Was sagen andere Menschen über Sie? Sind Sie vielleicht handwerklich sehr geschickt? Können Sie gut verhandeln? Haben Sie einen grünen Daumen? Sind Sie einfühlsam, hilfsbereit oder besitzen Organisationstalent? Sind Sie vielleicht musikalisch, können gut zeichnen oder mit Geld umgehen? Sie müssen dabei übrigens nicht gleich zur Weltspitze gehören. Jedes Talent zählt. Schreiben Sie es auf die folgende Seite.

Besitze ich eine Superkraft?

Es gibt aber auch noch eine Steigerung von Talent: die Superkraft.

Jeder von uns ist mit ein, zwei oder sogar mehreren Superkräften ausgestattet. Aber viele Menschen erkennen diese Fähigkeiten nicht. Das liegt mitunter daran, dass man es als Besitzer dieser Vorzüge als selbstverständlich erachtet, diese Superkräfte zu besitzen. Man geht sogar davon aus, dass alle anderen Menschen das auch können, denn für uns ist es ja Alltag. Viele dieser Eigenschaften sind auf den ersten Blick auch nicht so spektakulär und fallen somit erst einmal kaum auf.

Meine Superkraft heißt: dranbleiben. Klingt so ähnlich wie durchhalten oder auf etwas beharren. Dranbleiben ist in meinem Fall eher »am Ball bleiben«. Das klingt total unspektakulär. Aber das ist es nicht. Wenn sich beim Brainstormen ein Team mit zehn Begriffen zufriedengibt, dann suche ich hundert oder mehr, bis etwas herauskommt. Wenn mich Behörden mit einer Formularflut überhäufen, dann kämpfe ich mich durch. Zu Beginn meiner Selbstständigkeit habe ich selbst Flyer für unsere Tanzkurse in der Stadt verteilt. Das habe ich nicht einmal gemacht, sondern täglich. Und es waren nicht hunderte und auch nicht tausende Flyer, es waren zehntausende. Ich habe erst aufgehört, als alle Kurse gefüllt waren und wir keine Kunden mehr aufnehmen konnten. Ich dachte, das sei normal. Ich war der Ansicht, dass alle Selbstständigen so lange am Ball bleiben, bis die Auftragsbücher gefüllt sind.

Meine Superkraft hilft mir dabei, meine Defizite wettzumachen, denn ich habe beispielsweise kein besonders gutes Gedächtnis. Aber ich bleibe so lange dran, bis ich etwas letzten Endes doch noch verstanden habe, wenn es mich weiterbringt.

Überlegen Sie genau, welche Superkräfte Sie besitzen. Wann ruft man Sie an? Sind Sie sprachbegabt? Fleißig? Handwerklich geschickt? Diszipliniert? Höflich? Einfühlsam? Strukturiert? Dies sind alles Superkräfte, die es zu nutzen gilt.

Stärken Sie Ihr Umfeld

Für mich ist die Frage nach der Superkraft ganz eng verbunden mit dem Thema Wertschätzung.

Wertschätzung ist kein einmaliger Vorgang, sondern eine Grundhaltung und für mich eine Art übergreifende Superkraft.

Wir sind zwar alles Individuen, aber unsere Stärke entfalten wir nur in der Gruppe bzw. im Team.

Lassen Sie es mich einmal ganz hart formulieren: Sie sind quasi ein Nichts ohne andere Menschen. Sie bemerken es vielleicht auf den ersten Blick nur nicht. Bedenken Sie einmal, auf wie viel Hilfe Sie täglich angewiesen sind. Sie nutzen die Unterstützung von hunderttausenden anderen Menschen. Woher kommt Ihre Nahrung, woher das Benzin, der Strom oder das Grundwasser? Beruflich wie auch privat gibt es unzählige Abhängigkeiten. Kollegen, die Ihnen zuarbeiten, Handwerker, die defekte Wasserrohre, Telefonleitungen oder unsere Autos reparieren.

Dass wir beim Wertschätzen in unserer Gesellschaft ein Umdenken brauchen, zeigen zahlreiche Studien, die von Unternehmen im Rahmen von BGM-Maßnahmen (BGM: berufliches Gesundheitsmanagement) durchgeführt wurden.

Auch für mein Empfinden gibt es viel zu wenig Wertschätzung. Woran liegt das? Viele vergessen es einfach, kommen nicht auf die Idee. Andere Menschen fühlen sich bei dem Gedanken unwohl, sich wertschätzend zu verhalten. Manch einer fürchtet, dass ein Lob oder eine Anerkennung als Schleimerei daherkommt. Aber ist das wirklich so? Freuen Sie sich nicht, wenn jemand zum Ausdruck bringt, dass Ihre Arbeit hervorragend ist oder Ihnen die neue Frisur gut steht?

Ein starkes Indiz, dass Menschen sich jedenfalls über positives Feedback freuen, sind die sozialen Medien. Warum sonst werden hier »Likes« so gefeiert?

Wir haben es nicht in der Hand, wie eine andere Person über unsere anerkennenden Worte denkt, aber mit großer Sicherheit ist es fast immer positiv, sofern wir es auch ehrlich meinen und so kommunizieren.

Ich habe festgestellt, dass das Thema einen großen Einfluss auf mein Leben hat. Ich selber freue mich sehr auf Menschen, die positiv über mich reden und sich ehrlich freuen, wenn sie mich sehen. Vermutlich denken Sie nicht anders. Wertschätzung funktioniert wie ein Spiegel. So wie Sie sich verhalten und reinschauen, so kommt es zurück.

Sie kennen vermutlich ganz genau die Stärken der Menschen aus Ihrem Umfeld, sei es bei der Arbeit oder im Bekanntenkreis.

Auch hier wird es Leute geben, die sich wenig Gedanken darüber machen, was sie gut beherrschen. Doch wenn Sie aktiv nach deren Expertise fragen, dann fühlen sich diese Menschen als etwas Besonderes.

Also sagen Sie ganz bewusst: »Thomas, du bist doch mein Weinexperte« oder »Lena, du bist meine Kommunikations-Superfrau, darf ich dich nach deiner Meinung fragen?«. Und sagen Sie das auch vor anderen. Warten Sie nicht, bis man sie lobt, loben Sie andere. Das kostet Sie nichts und es macht Sie nicht klein, es ist vielleicht nur ungewohnt.

Von dieser Strategie werden Sie selbst profitieren. Zum einen werden Ihnen diese Personen zugetan sein, zum anderen wird ein selbstbewusstes Umfeld Sie immer gerne unterstützen. Eine klassische Win-win-Situation. Und vermutlich wird der Tag kommen, an dem der Zuspruch anderer genau das Quäntchen Unterstützung hervorruft, das Sie beim Verlassen Ihrer Komfortzone benötigen.

Keine Angst vor Neuem

Hanne Eisner, eine Mitarbeiterin meines Vaters, war der erste Mensch, den ich kennenlernte, der, wie ich, am 29. November Geburtstag hatte. In den Augen eines Vierjährigen ist das eine ganz besondere Verbindung. Ich verstand mich sehr gut mit ihr und habe mich immer gefreut, wenn sie zu Besuch war. Hanne kam hin und wieder zu uns nach Hause, um Schreibarbeiten für meinen Vater zu erledigen. Dafür benutzte sie ihre schwarze Schreibmaschine der Marke Olivetti.

Mitte der 1980er Jahre hielt dann eine elektronische Schreibmaschine Einzug in unsere Wohnung. Mein Vater zeigte mir ganz stolz, wie man die geschriebenen Worte nun vorab auf einem kleinen Display sehen konnte, bevor sie aufs Papier gedruckt wurden. Der große Vorteil: Fehler konnten behoben werden, bevor sie aufs Papier verewigt wurden. Für meinen Vater -und sicherlich viele andere Menschen zu dieser Zeit – eine kleine Sensation.

1996 war es dann so weit. Die moderne EDV eroberte meinen Schreibtisch. Ich kaufte mir von meinem eigenen Geld meinen ersten PC. Ich war zum damaligen Zeitpunkt und mit 23 Jahren eher ein Spätzünder, was Computertechnik anging. Zuvor musste ich immer meinen Freund Phil bemühen, wenn ich ein Kundenanschreiben oder andere Texte gedruckt oder gespeichert haben wollte. Über den Kauf war ich nicht nur stolz, ich versuchte mich auch sofort an der Gestaltung von Plakaten und Flyern. Mein Vater war zu diesem Zeitpunkt 74 Jahre alt. Er war immer noch in der Genforschung aktiv und schrieb eigentlich genauso viel wie zuvor in seinem Leben.

Obwohl das Einschalten des Computers und das Aufrufen eines Textverarbeitungsprogramms ja eigentlich kein Hexenwerk ist, zeigte er keinerlei Motivation, sich mit dieser modernen Technik zu befassen. Er bemühte jetzt vielmehr mich, seinen Schriftverkehr zu erledigen. Und wenn ich nicht da war, nutzte er lieber seine elektronische Schreibmaschine. Bis zu seinem Tod, zwölf Jahre später, änderte sich daran nichts mehr, obwohl er geistig immer fit geblieben war. In seiner Vorstellung muss es eine sehr hohe Hürde gewesen sein, sich mit dem Computer zu beschäftigen. Das unbekannte Terrain lag weit außerhalb seiner Komfortzone. Der Schritt über diese imaginäre Grenze wäre minimal gewesen.

Mit dieser Einschränkung hat er sich selbst viele Steine in den Weg gelegt. Dokumente auf der Schreibmaschine konnte er nie speichern und wenn ich nicht da war, musste er für längere Texte warten.

Ich habe Ihnen diese Geschichte erzählt, um zu verdeutlichen, dass wir manchmal lieber viel zu viel Energie in eine Tätigkeit investieren, die wir bereits beherrschen, als mit ein klein wenig Einsatz etwas Neues zu erlernen, was uns in der Zukunft Unmengen an Zeit einspart. Bevor Sie also eine Neuerung ausschlagen, investieren Sie wenigstens ein klein wenig Zeit und tauchen Sie ein bisschen ein. Es muss nicht gleich der Sprung ins vermeintlich kalte Wasser sein. Auch der kleine Zeh kann schon die Temperatur messen.

Win-win

Als frischgebackener Jungunternehmer hat man große Ziele. Neben der Tanzschule wollte ich unbedingt noch eine Eventagentur ins Leben zu rufen. Also machte ich mir hierzu sehr oft Gedanken. Die Frage lautete: Welche Veranstaltungen haben im weitesten Sinne noch etwas mit Tanzen zu tun? In der Stadt fiel mir ein Flyer in die Hand, auf dem eine Hochzeitsmesse beworben wurde. Ich war sofort begeistert. Heiraten und Tanzen – wenn das nicht die ideale Kombination war!

Ich erzählte das meinem Geschäftspartner und unserem Team. Die Ideen sprudelten nur so aus den Köpfen heraus. Ein junger Mitarbeiter, zu diesem Zeitpunkt noch Abiturient, wollte die Akquise der Aussteller übernehmen. Ohne Umschweife stimmten wir zu. Rückblickend würde ich das gesamte Vorhaben heute als Himmelfahrtskommando titulieren. Wir hatten wirklich keine Ahnung, und niemand von uns war je in eine Messeplanung eingebunden.

Doch das hat uns nicht aufgehalten. Ein Aussteller nach dem anderen unterschrieb die Verträge, und mit unseren neuen Räumlichkeiten mitten in der Stadt hatten wir einen hervorragenden Standort.

Und dann kam der Brief. Ein Unterlassungsschreiben. Strafandrohung über 50 000 Mark. Wir waren geschockt. Laut der städtischen Verordnung darf es keine weitere, gleich geartete Messe innerhalb von acht Wochen geben. Und genau in diesem Zeitraum fand auch die andere Hochzeitsmesse statt.

Einige Aussteller waren wütend und beschwerten sich zu Recht, warum wir uns darum nicht früher gekümmert hatten. Wir hatten viel Geld für Werbung ausgegeben, und alle Arbeit war quasi für die Tonne.

Ich war entsetzt und auch sauer. Wie konnte der andere Betreiber gleich mit einer solchen Summe drohen? Wir beratschlagten die Situation im Team. Plötzlich sagte jemand: »Warum rufen wir nicht bei ihm an und arbeiten zusammen?« Meine erste Reaktion schoss aus allen Poren meines Körpers: Was? Zusammenarbeiten? Der hat uns gerade mit einer Strafe von 50 000 Mark gedroht! Ich wünschte ihm eher so etwas wie die Pest oder wenigstens einen langwierigen Brechdurchfall an den Hals.

Wie schon erwähnt – Wut ist in einer solchen Situation kein guter Ratgeber. Zwei Tage später hatte ich mich beruhigt und den Telefonhörer in die Hand genommen. Meine Gedanken beim ersten Klingelton: Ich stehe sehr weit außerhalb meiner Komfortzone. So in etwa die Distanz Freiburg – Irkutsk.

Wer wird gleich abnehmen? Nette Stimme? Unsympathischer Choleriker? Meine Hormone mixten in diesem Moment einen Cocktail aus Wut, Aufregung und Angst. Am anderen Ende meldete sich eine Sekretärin. Auf meinen Wunsch hin wurde ich mit dem

Chef der Agentur verbunden. Noch einmal stieg mein Puls an. »Ja bitte?«, waren seine ersten Worte. Ich versuchte ruhig zu bleiben und erklärte, wer ich bin, und fragte auch ohne Umschweife, warum er uns denn diese Abmahnung geschickt hatte. Rückblickend natürlich eine blöde Frage, denn wer hätte das nicht gemacht. Mir wurde klar, dass wir im Unrecht waren. Doch damit endete das Gespräch nicht. Da er noch keine Tanzschule als Aussteller hatte und wir auch das passende Zielpublikum bedienten, nämlich Hochzeitspaare, gab es auch seinerseits ein gewisses Interesse an einer Kooperation.

Kaum zu glauben, aber daraus entwickelte sich eine wirklich fruchtbare Partnerschaft, die seit nunmehr zwanzig Jahren anhält. Diese Lektion hat mein Leben stark geprägt und bei jedem geschäftlichen Streit überlege ich immer, ob daraus nicht eine Win-win-Situation entstehen kann, ganz nach dem Vorbild der Hochzeitsmesse.

Wer erfindet eigentlich das Rad neu?

Als der junge Jeffrey am 12. Januar 1964 in Albuquerque (New Mexico) das Licht der Welt erblickte, schien es auf den ersten Blick nicht gut um ihn und seine Zukunft bestellt zu sein. Seine Eltern, Jacklyn und Ted Jorgensen, ließen sich schon kurz nach seiner Geburt scheiden. Wenig später heiratete seine Mutter erneut. Die Familie zog bald um. Zunächst nach Houston (Texas) und dann noch einmal nach Miami (Florida).

Nach seinem Schulabschluss arbeitete Jeffrey zunächst bei einer taiwanischen Mobilfunkgesellschaft und dann bei einer Vermögensverwaltung. Vermutlich war er nicht gerne angestellt oder Laufbursche. Jedenfalls beschloss er 1995, sich als Buchhändler selbstständig zu machen. Dieser Lebenslauf klingt bis hierher alles andere als spektakulär. Nichts in seinem Leben war bis zu diesem Zeitpunkt außergewöhnlich. Das erste Buch, das er verkaufen konnte, war von Douglas R. Hofstadter und hieß *Fluid Concepts and Creative Analogies*.

Doch Jeffrey, der Buchhändler, kombinierte den Buchverkauf mit einer anderen Idee, die relativ neu am Markt war: dem Internet. Sein Stiefvater Miguel »Mike« Bezos dürfte mächtig stolz auf den Erfolg seines Sohnes gewesen sein, und nicht nur das: Er muss auch großes Vertrauen in ihn gehabt haben, denn er und Jeffreys Mutter investierten aus eigener Tasche 245 000 Dollar in das damals noch unbekannte Unternehmen. Schon nach kurzer Zeit begann der kometenhafte Aufstieg von Amazon. Zahlreiche andere Unternehmen wurden im Laufe der Jahre zugekauft. 1996 erzielte Amazon einen Umsatz von 15,7 Millionen US-Dollar. Ein Jahr später waren es schon 147,8 Millionen und 2019 unglaubliche 220 Milliarden US-Dollar.

Und nun zurück zur Überschrift des Abschnitts: Wer erfindet eigentlich das Rad neu?

So gut wie niemand. Alles, was wir sehen und erleben, gibt es schon in irgendeiner Form. Aber trotzdem gibt es immer etwas Neues. Es ändert sich auch etwas, und zwar der Kontext bzw. die Art der Präsentation. Jeffrey »Jeff« Bezos hat weder den Buchhandel noch das Internet noch den Onlinehandel erfunden. Alles, was er tat, war das Kombinieren vorhandener Möglichkeiten. Der wirklich große Unterschied: Jeff Bezos hat seine Komfortzone ein Stück weiter verlassen als andere. Er musste enorm viel Kraft und Überwindung in seine Idee stecken, ohne zu wissen, ob sie überhaupt ein Erfolg werden würde. Aber er besaß die Fähigkeit, sich auf die wichtigen Dinge zu konzentrieren, und ließ sich nicht von äußeren Umständen ablenken. An dieser Stelle ein paar Zitate, die Einblicke in die Denkweise und den Antrieb des Gründers von Amazon geben:

»Sparsamkeit kann Innovation vorantreiben, genau wie andere Einschränkungen. Einer der einzigen Auswege aus einer engen Box besteht darin, diesen Ausweg selbst zu erfinden.«

»Ganz unabhängig von deiner Mission solltest du eine gewisse Vorstellung im Kopf haben. Vergiss das Modell dahinter und stelle dir die wichtigere Frage: ‚Verbessert meine Mission die Welt?' Bist du dir sicher? Versuche ständig diese Sicherheit zu widerlegen. Falls es dir gelingt: Ändere deine Mission.«

»Eine der gängigsten Fragen in der Geschäftswelt ist: ‚Warum?' Das ist eine gute Frage, aber ‚Warum nicht?' ist gleichermaßen legitim.«

»Wenn sich die Welt um dich herum ändert und dein einstiger Rücken- plötzlich zum Gegenwind wird, musst du dich reinlehnen und herausfinden, was zu tun ist. Beschweren ist keine Strategie.«

»Ich wusste, dass ich einen gescheiterten Versuch nicht bereuen würde. Ich wusste aber auch, dass ich sehr wohl bereuen würde, es gar nicht erst versucht zu haben.«

»Wenn du nicht kritisiert werden willst: Probiere auf keinen Fall irgendetwas Neues aus.«

»Manche Menschen machen den großen Fehler, sich selbst ein Interesse aufzwingen zu wollen. Du suchst dir deine Leidenschaft nicht aus. Deine Leidenschaft wählt dich.«

Scheitern – immer eine wertvolle Erfahrung?

Die Meinungen gehen hier weit auseinander. Und das zu Recht. Amerikaner sagen ja immer so schön: »Erst durch Scheitern werden wir besser.« Oder: »Das ist gar nichts Schlimmes! Ohne eine große Pleite bist du gar kein richtiger Unternehmer.« Ich selber halte Scheitern auch für eine wichtige Erfahrung, aber nicht unter allen Umständen.

Es braucht differenzierte Sichtweisen. Ein Rückschlag kann seelische Narben hinterlassen. Die Kritik und die Häme aus unserem Umfeld können unser Selbstbewusstsein beschädigen oder auch ganz ruinieren.

Manche Unternehmersprüche und Beraterweisheiten sind mit viel Vorsicht zu genießen. Warum? Weil wir verschieden sind. Der eine ist sensibel, der nächste robust, ein anderer wiederum sehr nachdenklich.

Eine beschämende Niederlage, bei der wir Spott und Häme erleiden, kann dazu führen, dass wir in Zukunft diese Situation für alle Zeiten meiden. Der Schüler, der in der zweiten Klasse etwas Falsches sagt und von allen Kindern und vielleicht sogar der Lehrerin ausgelacht wird, scheut sich eventuell für immer, sich zu melden oder vor Publikum etwas zu sagen.

Wir können uns das Scheitern nicht aussuchen. Es bricht über uns herein. Das Einzige, das wir uns aussuchen können, ist unsere Einstellung dazu. Und auch das ist keine leichte Aufgabe. Ich stelle mir unsere kognitiven und emotionalen Fähigkeiten wie folgt vor: Wir alle leben in einer sehr großen und weit verzweigten Höhle. Diese hat viele Ausgänge. Manche dieser Ausgänge sind groß, breit und ebenerdig. Andere wurden von außen teilweise zugeschüttet oder liegen sehr weit oben und können nur mit viel Kletterkunst erreicht werden.

Schwere Niederlagen oder schlimme Erfahrungen sind wie Steine, die uns im Weg bzw. vor diesen Ausgängen liegen. Wenn viele auf einmal oder sehr unerwartet kommen, dann werden manche Öffnungen teilweise oder sogar ganz geschlossen. Wenn noch ein wenig Licht hindurchdringt, dann wissen wir, dass es dort einen Ausweg gibt. Wir müssen dann Hand anlegen und uns den Weg mühevoll freischaufeln. Das ist für mich ein Sinnbild für die Gelegenheiten, wenn wir uns sehr anstrengen müssen, um uns eine unliebsame Gewohnheit abzutrainieren oder uns zu etwas zu überwinden.

Wir alle kennen Menschen, die vermeintlich einfache Sachen nicht auf die Reihe bekommen. Uns schießt dann sofort der Gedanke durch den Kopf: »Mensch, das ist doch ganz simpel! Mach es doch einfach!« Aber es funktioniert nicht. In meinem Sinnbild ist der

Ausgang der Höhle durch was auch immer so zugeschüttet worden, dass kein Licht mehr zu sehen ist. Vielleicht sogar noch mehr; er ist gar nicht mehr als Ausgang zu erkennen. Für die Menschen, die hier stehen, erscheint dieser Ausgang als Wand. Und niemand kann durch Wände gehen.

Damit hier Bewegung ins Spiel kommt, braucht es Sprengstoff. Es braucht einen Lieferanten, der die Menschen mit Dynamit beliefert und erklärt, wie man damit umgeht. Dieser Lieferant kann ein Trainer, ein Psychologe oder auch eine gute Freundin sein. Von alleine können diese Menschen diese Barriere jedenfalls nicht mehr durchdringen.

Wie handeln erfolgreiche Menschen?

Die Gebrüder Albrecht, die verstorbenen Gründer der Discounter Aldi Nord und Aldi Süd, sind ein oft genanntes Beispiel für erfolgreiche Menschen. Wie war ihre Vorgehensweise? Warum konnte ein kleiner Gemischtwarenladen zu einem Multimilliardenkonzern werden?

Zunächst haben Karl und Theo Albrecht alle Prozesse in ihrem Unternehmen genau unter die Lupe genommen. Jeden einzelnen Arbeitsschritt. Die Logistik bei Aldi ist unter Profis für ihre Effizienz weltbekannt. Die Warenvielfalt ist beschränkt, damit die Lieferungen besser zu bearbeiten und zu überschauen sind. Habe ich beispielsweise 1000 verschiedene Artikel im Geschäft, kann ich besser kalkulieren, als wenn ich 20 000 anbiete. Die Waren werden bei Aldi vom LKW direkt ans Regal gebracht. Das Einsortieren ist nur bei bestimmten Artikeln notwendig. Vieles bleibt im Karton und wird nur oben an der Kante aufgerissen. Alle Lieferanten müssen in gleich genormten Kartons anliefern, die passgenau in die LKW rangiert werden. Kein Zentimeter wird vergeudet.

Bitte rufen Sie sich noch einmal den Unterschied ins Gedächtnis. Sie müssen entweder 1000 oder 20000 verschiedene Artikel in einem Laden auspacken, sortieren, auszeichnen etc. Stellen Sie sich dieses Szenario bildlich vor.

Ein anderes Beispiel ist die Geschwindigkeit an der Kasse. Das Personal wird auf Tempo getrimmt wie nirgendwo anders. Ich habe mir schon häufig den Spaß gemacht und die Zeit gemessen, wie viele Produkte pro Minute gescannt werden. Das Ergebnis: In der gleichen Zeit werden meist doppelt so viele Kunden abgefertigt wie in anderen Geschäften. Beobachten Sie diesen Vorgang einmal beim nächsten Einkauf. Das bedeutet im Endeffekt, dass zwei Mitarbeiter die Arbeit von vier erledigen. Weniger Personal gleich mehr Gewinn, höhere Löhne, niedrigere Preise usw.

So wurde bei Aldi jeder einzelne Prozess durchleuchtet. Mit all ihren Bemühungen hatten die Gebrüder Albrecht nur eines im Sinn. Sie wollten die günstigsten Preise, die geringsten Kosten und die meisten Kunden.

Erfolgreiche Menschen handeln durchgehend. Sie arbeiten permanent an ihrem Erfolg und verbessern sich dadurch auch kontinuierlich. Aufgrund ihrer mentalen Stärke erreichen sie ihre Ziele besser und schneller. Und vor allem legen erfolgreiche Menschen den Fokus auf gezielte Prozesse und Faktoren. Dazu gehört aber nicht der Gedanke: »Wie kann ich am meisten Geld verdienen?« Denn Geld ist nur ein Nebenprodukt von Erfolg. Träumer haben keine präzise Vorstellung von ihren Vorhaben, sondern wollen nur möglichst schnell sehr reich werden. Erfolgreiche Menschen hingegen wollen eine bestimmte Sache oder einen bestimmten Prozess so gut machen wie eben möglich. Und vor allem ruhen sie sich nicht auf Erfolgen aus, sondern entwickeln ihre Ideen und Geschäfte ständig weiter. Das Geld ist nur die logische Folge ihrer Anstrengungen.

Bananen auf Grönland

Wüssten Sie, wo in Deutschland die fruchtbarsten Böden zu finden sind? Es sind unter anderem die Lösslandschaften der Magdeburger Börde, des Thüringer Beckens und der Kölner Bucht. Diese Böden speichern Wasser besonders gut und erlauben eine tiefe Durchwurzelung. Deutschland bietet an vielen Standorten ideale Bedingungen für den Anbau von Weizen, Raps, Zuckerrüben, Kartoffeln und diversen Gemüsesorten. Kaffee, Bananen oder Orangen gedeihen allerdings trotz der nährstoffreichen Böden nur schlecht. Die klimatischen Voraussetzungen sind hierfür nicht gegeben.

Menschen in Grönland hingegen können nur sehr wenig anbauen. Die Böden sind karg, und 85 Prozent der Insel sind von einem Eispanzer bedeckt. Die Hauptnahrungsquellen sind daher Fisch und das Fleisch von Robben, Walrossen und Walen. Mit viel Aufwand und unter Zuhilfenahme von Gewächshäusern wäre es heutzutage technisch möglich, in Grönland auch Bananen oder Weizen anzubauen, aber wirklich sinnvoll ist es nicht.

Wir Menschen haben gelernt, mit dem zu leben, was uns die Natur vor Ort bietet. Wir nutzen die gegebenen Möglichkeiten mit höchster Effizienz. Was wir nicht vor Ort haben, importieren wir aus anderen Gefilden. Von diesem anschaulichen Beispiel können wir etwas für uns selbst ableiten und auf uns übertragen.

Auch wir Menschen haben individuelle Voraussetzungen. Wie heißt es so schön: Nicht jeder Gedanke fällt auf fruchtbaren Boden. Unser Körper und unser Geist haben unterschiedliche Merkmale, Vor- und Nachteile. Wir täten gut daran, die Erkenntnisse aus der Anpassung an unsere Lebensräume auch auf uns selbst anzuwenden.

Bei fast allen Menschen verstecken sich unentdeckte Talente oder wertvolle Eigenschaften. Diese Talente fallen aber nicht auf, weil der Eigentümer bzw. die Eigentümerin diese gar nicht als solche wahrnimmt. Es gibt Menschen, die nehmen einen Tennisschläger in die

Hand und können schon nach zwei Tagen passabel spielen. Andere haben eine wunderbare Erzählstimme und wären die perfekten Moderatoren im Radio. Manche können im Geiste komplizierte mathematische Probleme lösen, ohne sie auf Papier notieren zu müssen. Diese Eigenschaften können entscheidend dazu beitragen, die Komfortzone zu verlassen bzw. zu erweitern, wenn wir nur davon wüssten.

Woher kommen diese Talente? Sie sind zum Teil genetisch bedingt. Wie die Natur bietet auch unsere geistige Landschaft bestimmte Voraussetzungen, die bestimmte Vorzüge zulassen. Unsere Sinne adaptieren teilweise unbemerkt Informationen. Wir alle lernen dabei unterschiedlich, je nach Struktur der vorhandenen Gegebenheiten. Im Tanzunterricht habe ich immer wieder festgestellt, wie viele unterschiedliche Lerntypen es gibt und welche Impulse bei den Schülern ankommen und verarbeitet werden. Es gibt Kunden, die lernen übers Zuschauen, andere über die Worterklärungen und wiederum andere müssen die Bewegungen am Körper selbst spüren.

Ich selbst lerne am besten beim Zusehen, insbesondere bei komplexen Bewegungsabläufen. Darum konnte ich Tanzen, Tennis oder Skifahren eher schnell und ohne große Mühe erlernen. Wenn komplexe Sachverhalte hingegen mithilfe von Texten erklärt werden, stutze ich oft und muss teilweise mehrfach nachlesen, worum es eigentlich geht.

Ein alltägliches Beispiel: Es ist gerade 11.43 Uhr. Während ich an diesem Text schreibe, unterbreche ich kurz, um das Mittagessen für meine Familie zu kochen. Es gibt Kartoffeln mit Fisch. Der Fisch soll für 35 Minuten in den Backofen. Die Uhr auf dem Backofen ist digital. Ich muss mich kurz anstrengen, um auszurechnen, dass ich ihn um 12.18 Uhr wieder ausschalten muss. Im Anschluss schweift mein Blick kurz nach rechts. Hier hängt eine analoge Uhr. Ohne nachzudenken, sehe ich hier die Lösung zu meiner kleinen Rechenaufgabe.

Fragen Sie sich an dieser Stelle einfach mal selbst: Was haben Sie im Leben schnell gelernt und in welche Art von Lernen fällt das eigentlich? Ich bin immer wieder überrascht, wie schlecht sich die Leute selber kennen. In den ersten Tanzkursstunden staunen nicht wenige Menschen über sich selbst. Sie hatten seit vierzig Jahren nicht bemerkt, dass sie sich sehr gut intuitiv bewegen können oder dass es ihnen total leichtfällt, einem Takt und dem Rhythmus zu folgen.

Entdecken und nutzen Sie Ihre von der Natur und der Genetik vorbestimmten Talente. Versuchen Sie erst gar nicht, Bananen auf Grönland zu pflanzen. Der Aufwand steht in keinem Verhältnis zum Erfolg.

Was dich nicht herausfordert, verändert dich auch nicht

Jeden Freitag trainieren meine Frau und ich in einem EMS-Studio bei uns um die Ecke. EMS steht für elektrische Muskelstimulation. Das Training dauert nur fünfzehn Minuten. Eine Trainerin bearbeitet mit Kraftübungen so ziemlich all unsere Muskelgruppen. Diese werden gleichzeitig mit Elektroimpulsen stimuliert. Man mag es kaum glauben, aber nach so einer Einheit sind wir platt, und meistens haben wir Muskelkater.

Oft werde ich gefragt, wie sich das anfühlt. »Sind das nicht Elektroschocks?«, so die gängige Frage. Angeblich spürt jeder Mensch aufgrund seiner Leitfähigkeit und Dicke der Haut diese Impulse anders. Ich würde es vergleichen mit der Vibration meiner elektrischen Zahnbürste, wenn ich diese auf meine Hand drücke.

Im Studio ist ein Spruch an die Wand geschrieben. Es ist ein Zitat des Buchautors und Fitnesstrainers Fred deVito. Den Namen musste ich zwar googeln, aber an dem Spruch bleibe ich jedes Mal hängen. Im Original lautet er: »If it doesn't challenge you, it doesn't change you.« Auf Deutsch: »Was dich nicht herausfordert, verändert dich auch nicht.«

Nach jedem Training frage ich mich: Hat mich das jetzt gefordert? Und ich kann die Frage fast immer mit Ja beantworten. Der Muskelkater an den folgenden Tagen gibt mir dabei auch recht.

Herausforderungen kommen im Leben auf uns zu, ob wir es wollen oder nicht. Leider auch die ganze Palette der unliebsamen Variante. Sie brechen sich das Bein, Ihr Partner trennt sich von Ihnen, Ihre Firma geht pleite, die Waschmaschine setzt Ihre Wohnung unter Wasser, Ihr Auto wird zerkratzt.

Für mich sind Herausforderungen eine Art mentale Währung. Wer sie meistert, zahlt auf sein Selbstbewusstsein ein. Darum ist es wichtig, nicht nur auf Krisen und schlechte Erlebnisse zu warten, sondern proaktiv sinnvolle Aufgaben anzugehen, die ein positives Ergebnis zur Folge haben. Wir belohnen uns mit einem ordentlichen und oftmals langanhaltenden Glücksgefühl. Nehmen Sie als Beispiel Ihr Studium, Ihren Berufsabschluss, Doktortitel oder Führerschein. Auch wenn es für solche Vorhaben enorme Kraftanstrengungen braucht – der daraus resultierende Erfolg begleitet Sie Ihr gesamtes Leben.

Ziel – welches Ziel?

Es gibt eine wunderbare Lebensweisheit: »Es gibt keine Garantie, das Ziel zu erreichen – aber wer kein Ziel hat, wird garantiert nichts erreichen.«

Nehmen Sie sich an dieser Stelle bitte einmal ein paar Momente Zeit und überlegen Sie frei von allen Einschränkungen, welche Dinge Sie erleben oder erledigen möchten. Welche Träume haben Sie? Was möchten Sie im Leben noch machen? Was soll erreicht werden? Vielleicht nehmen Sie sich sogar ganz altmodisch einen Stift und einen Zettel und notieren ohne Sortierung, was auf Ihrer persönlichen Agenda steht. Kleiderschrank ausräumen? Job wechseln? Beziehungsstatus ändern? Die große Weltreise? Ein Sabbatical? Nachhaltiger leben? Ein Instrument spielen lernen?

Wir sollten uns diese Frage eigentlich viel häufiger stellen, denn meist verschwinden diese Ziele und all die Träume im Nebel des Alltags. Ein treffendes Zitat, welches genau diesen Gedanken aufgreift, wird der Britin Cicely Saunders zugeschrieben, die als Pionierin der Palliativmedizin gilt und von 1918 bis 2005 gelebt hat. Sie betreute viele Menschen, die sterbenskrank waren. Aus den vielen Gesprächen mit Frauen und Männern, die ihre letzten Lebenstage im Hospiz verbrachten, zog sie folgenden Schluss: »Wir neigen viel zu oft dazu, das Leben mit Tagen zu füllen, anstatt die Tage mit Leben.«

Mit diesem Satz traf die engagierte Dame den Nagel auf den Kopf. Und was löst dieser Satz bei Ihnen aus? Angst? Entschlossenheit? Vielleicht sogar eine Motivation, die Dinge anzupacken?

Eine Studie des Versicherungsunternehmens Gothaer hat die Ziele der Deutschen aus dem Jahr 2019 unter die Lupe genommen. 92 Prozent nennen den Begriff Familie als ihr Lebensziel. Damit verbinden die Befragten eine harmonische Beziehung mit den Familienangehörigen bzw. die Gründung einer eigenen Familie. Ein gesundes Leben haben 88 Prozent vor Augen. Und an diesem Punkt ist deutlich zu erkennen, wie groß die Diskrepanz zwischen Wunsch und Wirklichkeit ist. Der Konsum von fettigem und zuckerhaltigem Essen nimmt stetig zu. Die Menschen werden immer dicker, und die typischen Zivilisationskrankheiten sind durch schlechte Ernährung und Bewegungsarmut hausgemacht. Wenn also fast alle Menschen ihre Gesundheit als wichtiges Lebensziel beschreiben, dann hat ca. die Hälfte davon vermutlich größere Probleme mit dem Verlassen ihrer Komfortzone.

Bei der finanziellen Unabhängigkeit sieht es kaum anders aus. 82 Prozent finden diesen Punkt sehr wichtig. Der Begriff ist auch dehnbar. Für mich ist eine Person dann finanziell unabhängig, wenn sie nicht mehr arbeiten muss und sich trotzdem ein Leben mit Wohnung, Essen, Freizeitgestaltung und gelegentlichen Reisen leisten kann. So beschreiben es auch die meisten Menschen, die ich nach ihrer Deutung zu dem Begriff gefragt habe. Wirtschaftswissenschaftler schätzen, dass in Deutschland ca. zehn bis zwanzig Prozent der Bevölkerung im Dauer-Sabbatical verharren könnten, ohne ihren gewohnten Lebensstil aufzugeben. Die Diskrepanz ist hier also noch höher als bei Punkt zwei.

Ausreichend freie Zeit ist für 78 Prozent der Befragten wichtig. Das dürften die Deutschen schon eher erreicht haben. Mit der Einführung der Fünftagewoche und anderen Maßnahmen stehen die Deutschen wohl gewollt oder ungewollt regelmäßig im Finale der Freizeitweltmeisterschaft. Das Eigenheim hat für 61 Prozent der Befragten eine große Priorität im Leben. Laut Statistischem Bundesamt lag im Jahre 2020 die Quote der Eigenheimbesitzer bei 42,1 Prozent.

Die Frage nach ihren Zielen im Leben habe ich exakt 100 Personen aus meinem Umfeld gestellt. Davon haben mir 72 eine Antwort geschrieben. Die Befragten sind alle zwischen 25 und 65 Jahren alt, kommen aus ganz unterschiedlichen Berufsgruppen und leben verteilt über die gesamte Republik. Da kam natürlich ein buntes Sammelsurium an Antworten zusammen. Was glauben Sie, welche Ziele am häufigsten genannt wurden? Rund 90 Prozent haben das Thema Weiterbildung und Entwicklung mit konkreten Zielen formuliert (noch einmal studieren, bessere Fremdsprachenkenntnisse, berufliche Weiterbildung, besseres Verständnis für Menschen erlangen). Wer Kinder hat, will diese auf den Weg bringen (Kinder zu guten Menschen erziehen, finanziell absichern). Materielle Wünsche hatten vor allem jüngere Personen und hier wurde vor allem das Eigenheim benannt.

Hier finden Sie einen ungefilterten Auszug aus den Antworten verschiedener Köpfe. Vielleicht ist die ein oder andere Inspiration dabei.

Jede Zeile bzw. jeder Abschnitt stammt dabei von einer anderen Person.

Freudiges Leben mit vielen Erfahrungen und tollen Ereignissen. Haus, Familie, Gesundheit, finanzielle Unabhängigkeit.

Zusammenhänge besser verstehen, Kinder zu guten Menschen erziehen.

Berufliche Weiterbildung auf anderen Gebieten.

Wahre Bestimmung finden, vielleicht wartet noch etwas auf mich.

Eigene Entwicklung vorantreiben, mich selbst verwirklichen.

Das Leben genießen, endlich die Dinge machen, zu denen ich nie kam in der Hektik der Welt.

Die Freiheit selber zu entscheiden.

Ein langes, gesundes, harmonisches Leben mit meiner Familie zu führen.

Streit vermeiden und Kompromisse finden, im Alter abgesichert sein und im Jetzt leben.

Kinder gut auf den Weg bringen und sicherstellen, dass sie finanziell unabhängig sind.

Am Ende etwas geschaffen haben, worauf man zeigen kann, eine gute Ehe führen bzw. hinschauen, dass die Pubertät der Kinder nicht zu sehr zur Belastung wird. Zeit und Ressourcen aufwen-

den, um zurückzugeben, ausmisten, verkleinern, Prioritäten setzen.

Noch mal was ganz anderes, neues lernen. Den eingeschlagenen Weg der nachhaltigen Lebensführung weiter verfolgen und ausbauen, unterrichten/coachen/beraten, mit den Erfahrungen, die man im Leben gemacht hat.

Alles das machen können, was Spaß macht. Alles, was aufs Gesundheitskonto einzahlt und dort eine gute Rendite bringt. Neugierig, was kommt. Weltreise machen mit meinem Mann.

Ich bin auf der Suche nach Balance: Zwischen Routine und neuen Reizen, zwischen Zeit für mich/meinen Lieben und Zeit für berufliche Herausforderungen. Ich möchte beruflich nicht nur meine wirtschaftliche Existenz sichern, sondern auch Sinn hinter meiner Arbeit sehen und dort gestalten können, wirkmächtig sein. Ich möchte ein Leben führen, das sich für mich stimmig anfühlt, auch wenn es nach außen evtl. unorthodox wirken könnte.

Das Geheimnis der Betrachtung

Mit großem Bedauern muss ich immer wieder feststellen, dass ich in vielerlei Hinsicht zweitklassig bin. Da wäre zum Beispiel meine Karriere als Tänzer. Ich habe zwar in meiner Leistungs- und Altersklasse vor Jahren einige Meisterschaften auf Landesebene gewonnen, aber verglichen mit der Weltspitze habe ich nicht wirklich etwas vorzuweisen. Meine Kunden können das nicht unbedingt beurteilen und sehen in mir trotzdem einen klasse Tänzer. Wie mir wird es landauf, landab vielen Menschen gehen. Sie sind geschult, ausgebildet und erfolgreich – gehören aber nicht zu den Allerbesten ihrer Zunft. Aber wie wichtig ist das überhaupt? Dazu möchte ich Ihnen meine persönliche Sicht der Dinge darlegen.

Die Wahrscheinlichkeit ist für mich wie eine gute Freundin. Auf sie ist nicht nur Verlass, sie hat auch eine ungemein beruhigende Wirkung auf mein Gemüt. Ich versuche bis heute zu ergründen, warum man sie im Lehrplan der höheren Schulmathematik nicht noch viel mehr in den Fokus rückt. Mal ehrlich: Wie oft benötigen wir im Alltag Funktionsgleichungen? Ich habe in meinem bisherigen Leben noch keine Situation erlebt, bei der ich mit großer Erleichterung ein X einem F zuordnen konnte. Doch der Stochastik, so der Fachbegriff für die Wahrscheinlichkeitsrechnung, begegnen wir täglich!

Für mich ist sie eine wichtige Konstante in meinem Denken. Und je mehr Sie sich damit beschäftigen, desto mutiger und selbstsicherer werden Sie. Versprochen. Und erst wenn Sie selbstsicher sind, können Sie Ihre Komfortzone verlassen. Aber was hat die Stochastik jetzt damit zu tun?

Gehen wir zurück zu meiner Zweitklassigkeit. Wie ich erläutert habe, gehöre ich nicht zur Weltspitze. Aber statistisch gesehen habe ich vom Tanzen mehr Ahnung als 99 Prozent aller Menschen auf dem Planeten. Zweitklassig zu sein ist in vielerlei Hinsicht gar nicht so schlecht, wie wir meinen. Der Vergleich entstammt aus dem Sport und wird allzu schnell abwertend verwendet. Aber jeder Fußballkenner weiß, dass die Mannschaften der 2. Fußball-Bundesliga absolute Profis sind. In Deutschland gibt es drei Millionen aktive männliche Fußballspieler. Davon sind rund 550 in der ersten und 500 in der 2. Liga aktiv.

Das sind also nur 0,035 Prozent aller Spieler. Wer hier mitkickt, ist zwar kein Ronaldo, aber auf jeden Fall richtig gut im Vergleich zum Rest der Bevölkerung.

Und so sollten Sie Ihre Fähigkeiten einmal unter die Lupe nehmen. Sie sind Krankenschwester? Mal ehrlich: Wer weiß denn, wie man eine Kanüle setzt? Sie sind Friseur? Die wenigsten (Olaf Scholz mal ausgenommen) wollen nicht ohne Ihre Künste auf die Straße gehen. Denken Sie genau über Ihre Fähigkeiten nach. Sollten Sie wirklich nichts können, dann arbeiten Sie daran. Jeder Mensch ist mit einer Menge Talenten ausgestattet. Man muss sie nur an sich selbst entdecken und dann fördern. Und es spricht auch nichts dagegen, sich die Besten als Vorbild zu nehmen – ganz im Gegenteil, wir sollten uns an ihnen immer orientieren, nur eben bitte nicht glauben wir sind zu schlecht, wenn wir von acht Milliarden Menschen nur zu den Top 1000 gehören. Das ist immer noch die absolute Weltspitze!

Apropos Betrachtung, hier noch ein weiterer Gedanke zum Thema: Als mein ältester Sohn im Grundschulalter war, kam er eines Tages zu mir und sagte einen sehr bemerkenswerten Satz, der mir immer wieder in den Sinn kommt: »Warum stellen sich die Menschen eigentlich immer die Frage, ob ein Glas halb voll oder halb leer ist? Es ist doch immer voll. Unten ist Wasser und oben Luft.«

Ich habe schon damals sehr lange über diese Erkenntnis nachgedacht. Warum bewerten wir das eine gut und das andere schlecht oder im Falle der Luft – warum übersehen wir sie bei der Bewertung? Und bewerten wir vielleicht Freude, Liebe, und Zufriedenheit ebenfalls zu gering, weil sie sich monetär nicht einordnen lassen? Womöglich geht es Ihnen auch so bei der Betrachtung Ihrer Talente?

Die Erlebniswelt der anderen

Nicht erst seit Instagram und Facebook beschleicht uns das Gefühl, dass andere Menschen mehr erleben als wir selbst. Tatsächlich trifft das auch für einige wenige zu. Aber warum erleben diese Leute spannende Abenteuer, warum haben sie interessante Begegnungen und können viele Geschichten erzählen?

Die Antwort ist simpel und bestechend einfach. Diese Menschen brechen ab und zu aus ihrem gewohnten Umfeld aus und erleben tatsächlich deutlich mehr als andere. Aber was machen sie anders? Der große Unterschied liegt im berühmten Bild des Sprungs ins kalte Wasser. Wer Tag für Tag, Woche für Woche und Monat für Monat immer dieselben Abläufe in seinem Leben institutionalisiert hat, wird selten etwas Neues oder Geistreiches zu erzählen haben.

Hier gibt es eine ganz simple Möglichkeit, die sich tatsächlich schnell umsetzen lässt. Unternehmen Sie einmal pro Monat etwas Neues oder Ungewöhnliches, was Sie noch nie oder sehr selten vorher gemacht haben. Für mich war das eine wahre Erleuchtung. Sie können auch alternativ einen wöchentlichen Takt wählen. Der Monatsrhythmus hat allerdings den Vorteil, dass er sich realistisch auf Dauer umsetzen lässt.

Sie müssen Ihre Vorhaben noch nicht einmal alleine durchziehen. Fragen Sie einen oder mehrere Freunde, Sie bei Ihren Unternehmungen zu begleiten. Hier ein Auszug aus meinem persönlichen Programm: Tennis spielen, Gesangsstunden nehmen, eine Zeitschrift kaufen, die ich noch nie gelesen habe, Reiten, Pilates, einen Kochkurs besuchen, Altgriechisch lernen. Wie sieht Ihre Liste aus?

Hier ein paar weitere Anregungen für den Start: Skifahren lernen, im Altenheim vorlesen, ein Praktikum bei einem Handwerksbetrieb absolvieren, Handlettering oder zeichnen lernen, Tanzkurs belegen, Latein pauken, fotografieren, filmen, musizieren …

Vorsicht, Denkfehler!

Vor einiger Zeit war ich mit einem geschätzten Kollegen zum Mittagessen verabredet. Irgendwann sind wir auf das Thema Komfortzone gekommen. Auf meine Frage, ob er denn gelegentlich seine gewohnten Grenzen überschreite, gab er schon fast etwas empört folgende Antwort: »Ich verlasse doch die ganze Zeit meine Komfortzone – ich arbeite über fünfzig Stunden in der Woche!« Im ersten

Moment habe ich das hingenommen und mir eigentlich keine weiteren Gedanken hierzu gemacht. Vielleicht war ich auch zu sehr auf mein Essen konzentriert oder habe im Gesprächsfluss keinen Widerspruch bei der Antwort feststellen können.

Aber bei der Aussage handelt es sich leider um einen fatalen Irrtum. Müssen Sie wirklich für Ihre Tätigkeit Ihre Komfortzone verlassen? Vermutlich nicht. Sie machen etwas, was Sie jeden Tag machen, und eigentlich ist es unmöglich, dass Sie hierbei täglich Ihre Komfortzone verlassen müssen. Wäre dies wirklich so, würden Sie schon nach kurzer Zeit völlig ausbrennen.

Es mag sein, dass Ihre Arbeit erschöpfend ist und viel Kraft kostet, aber bitte überlegen Sie selbst, welche Emotionen im Spiel sind. Sie sind vielleicht genervt, weil nichts funktioniert, wie Sie sich das vorstellen. Sie erhalten widersprüchliche Aufgaben von verschiedenen Abteilungen, oder Sie werden mit Arbeit überschüttet und sehen kein Licht am Ende des Tunnels. Das ist alles schrecklich und stressig, aber hat genau genommen nichts mit Ihrer Komfortzone im eigentlichen Sinne zu tun.

Wer seine Komfortzone verlässt, spürt z. B. die Angst vor Ungewissheit, hat womöglich Herzklopfen und wird vor allem von unzähligen neuen Eindrücken und unbekannten Impulsen regelrecht bombardiert. Unsere tägliche Arbeit, und sei sie manchmal noch so nervenaufreibend, hat andere Ursachen. Hier werden wir von immer wiederkehrenden Dingen genervt, gestresst oder sogar belästigt.

Mein Bekannter hat sich einen Denkfehler einprogrammiert. Er hat sich plausibel eingeredet, er würde seine Komfortzone ständig verlassen. Noch viel schlimmer; er hat daraus den Schluss gezogen, dass das Verlassen der Komfortzone ihn gar nicht weiterbringt. Obwohl er das seit Jahren macht, hat sich in seinen Augen nichts verbessert.

Um es noch einmal zu verdeutlichen: Wenn Sie statt fünfzig Akten pro Woche nunmehr hundert bearbeiten oder statt vierzig Patienten jetzt achtzig behandeln, dann ist zwar Ihre Arbeit deutlich mehr und vermutlich auch stressiger geworden, aber leider werden Sie hier keine Erleuchtung finden.

Und das war auch das Problem meines Kollegen. Er hat einfach unheimlich viel von dem gemacht, was er immer schon gemacht hat, nämlich unterrichten. Die Komfortzone wird er erst verlassen, wenn er sich mit ganz anderen Themen befasst. Themen, die ihm total unbekannt sind oder bei denen er sich vollkommen hilflos oder sogar unwohl fühlt. Erst dann passiert etwas mit ihm – er erfährt geistiges Wachstum.

Überdenken Sie aus diesem Grund noch einmal, in welcher Situation Sie selbst eventuell stecken. Einfach zu viel Arbeit bzw. tagtäglicher Stress oder Wachstum und Erkenntnis durch das Verlassen der gewohnten Umgebung?

Unsere wichtigste Währung

Wir Menschen besitzen eine körpereigene Währung. Im Gegensatz zum Tauschmittel Geld ist diese Währung mit speziellen Eigenschaften ausgestattet, die wir nicht vernachlässigen dürfen. Erstens: Wir müssen für regelmäßigen Nachschub sorgen, quasi täglich. Zweitens: Zu viel davon ist schädlich. Drittens: Die Einteilung der Ausgaben bestimmt unser Leben zu 100 Prozent. Viertens: Ein Ausbleiben des Nachschubs bedeutet in wenigen Tagen bis Wochen den Tod. Fünftens: Währung ist nicht gleich Währung – Wissenschaftler erkennen große qualitative Unterschiede. Sie haben es vermutlich schon erraten: Die Rede ist von der Energie, die wir mittels Nahrung zu uns nehmen.

Wenn wir uns bewusstwerden, wofür wir unsere Energie einsetzen, dann ist uns ein entscheidender Schritt hin zu einem selbstbestimmten Leben gelungen. Was glauben Sie selbst, wohin fließt Ihre tägliche Portion Energie?

Gehen wir einfach noch einmal zurück zu den vorherigen Kapiteln. Wir haben erfahren, dass es zwei Systeme in unserem Körper gibt. System eins steuert Grundfunktionen wie Atmung, Herzschlag, Verdauung sowie schnell abrufbare Handlungen und Aktionen, die wir automatisch ausführen, ohne viel abwägen zu müssen. System zwei war die Sache mit dem bewussten Nachdenken.

Keine Aktion, die wir in diesem Sinne ausführen, ist gratis. Alles ist mit Kosten (Energie) verbunden. Wenn Sie für sich bewusst klassifizieren können, wohin Ihre Energie fließt, dann befähigen Sie sich überhaupt erst dazu, selbst das Ruder in die Hand zu nehmen und Ihre Kräfte bewusst auf ein Ziel auszurichten. Vergleichen Sie sich dabei nie mit anderen. Nur weil Ihre Kollegin zehn Kilometer problemlos joggen kann, ist Ihnen das noch lange nicht vergönnt. Aber eventuell kostet Sie eine Auseinandersetzung mit einem Verhandlungspartner wenig Energie, während das für andere Mitarbeiter so kräftezehrend ist, dass sie den restlichen Tag nichts Produktives mehr hinbekommen.

Vielleicht nehmen Sie sich auch einfach mal ein Blatt Papier und notieren, für welche Handlungen Sie am Tag wie viel Energie verwenden. Bewerten Sie die Handlungen, wobei Sie insgesamt 2000 Punkte vergeben können, denn das entspricht ganz grob der Menge an Kalorien, die Sie täglich zu sich nehmen. Da Sie nicht täglich zunehmen (das wünsche ich Ihnen jedenfalls), müssen am Abend alle Punkte verteilt sein. Vergessen Sie nicht, auch passive Handlungen zu bewerten, zum Beispiel Internetsurfen, Handygames, Fernsehen etc.

Wir unterschätzen oft, wie viel Energie in passive Handlungen abfließt. Überprüfen Sie doch einfach selbst, wie Sie sich nach einem Kinobesuch, langen Fernsehabenden oder genereller Bildschirmzeit fühlen. Die meisten Menschen empfinden eine gewisse Abgeschlagenheit. Aber alles andere wäre auch verwunderlich, denn unser Gehirn muss die ganzen Eindrücke auch verarbeiten und dieser Vorgang kostet: Energie.

Machen Sie sich also bewusst, welche Energie Ihnen zur Verfügung steht und wohin diese fließt. Damit erlangen Sie Macht über Ihre Handlungen und werden nicht durch Automatismen des Unterbewusstseins gesteuert.

Wie wir uns weiterentwickeln können

Das Thema Künstliche Intelligenz nimmt Einfluss darauf, wie wir denken. Wurden früher Probleme meist linear betrachtet, versuchen wir uns heute mit dem Gedanken vertraut zu machen, dass eine Vielzahl von Faktoren einen bestimmten Zustand erzeugt. Wir lernen gerade auch, dass es möglich ist, dass diese Vielzahl von Faktoren für unser Gehirn zu komplex ist und dass Ergebnisse anders ausfallen, als wir vermuten.

Nach und nach erkennen wir, dass bei Problemen oder bestimmten Zuständen nicht ein, sondern in der Regel viele Mechanismen eine Rolle spielen und diese auch durchaus miteinander korrelieren. All das wird durch die simple Werbestrategie »Kunden, die dieses Produkt gekauft haben, interessierten sich auch für …« deutlich. Je mehr Informationen vorhanden sind, desto besser lassen sich Rückschlüsse ziehen. Das gilt beim Konsumverhalten genauso wie in der Medizin, beim Sport, in der Wirtschaft und in zahlreichen anderen Bereichen. Der nächste Intelligenzsprung der Menschen wird sein, dass sie endlich in der Lage sein werden, diese Denkmuster zu adaptieren. Dann wird es vielleicht möglich sein, dass Rassismus, Diskriminierung oder Umweltverschmutzung der Vergangenheit angehören. Denn meist führt genau bei diesen Themen ein linearer Gedanke zu Schlussfolgerungen wie: »Ich wurde von einem Ausländer bedroht – die sollten alle sofort das Land verlassen, die braucht hier niemand.«

Aber wir können schon heute lernen, wie KI-Denken funktioniert, und davon profitieren. Dazu muss man sich eines vor Augen halten.

Bewusst kann der Mensch nur eine Handvoll Informationen gleichzeitig verarbeiten. Der Schlüssel zum Erfolg liegt darin, dass wir Unterstützung durch unser Unterbewusstsein erfahren. Wenn ich also bewusst nur die Spitze des Eisbergs verstehe, dann brauche ich den »Blick unter Wasser«, um die wahre Dimension zu erkennen. Wie kann das konkret aussehen? Die Antwort hierauf ist ziemlich simpel, aber nicht einfach umzusetzen. Sie lautet: Programmieren Sie Ihr Unterbewusstsein mit essenziellen Grundsätzen, die allgemeingültig sind.

Lassen Sie uns diesen Weg gemeinsam gehen. Beginnen wir mit Grundsätzen, denen wir vermutlich alle zustimmen können:

- Was man selbst erschaffen hat, schätzt man mehr.
- Wir fühlen uns wohler, wenn wir gelobt werden.
- Ein Lächeln steckt an.
- Wir freuen uns über Geschenke.
- Wer hungrig ist, kann sich nicht gut konzentrieren.
- Musik macht gute Laune.

Sie können die Liste natürlich auch mit eigenen, Ihnen wichtigen Gedanken fortsetzen. Es sollten alles Aussagen sein, die faktisch keine Diskussionen zulassen, sonst »programmieren« Sie sich letztendlich mit Gegensätzen und das ist kontraproduktiv.

Allen Sätzen, die Sie nun niedergeschrieben haben, können Sie zustimmen. So weit, so gut – aber viel wichtiger ist folgende Einsicht: Nicht nur Sie stimmen diesen Aussagen zu, sondern auch jeder Mensch in Ihrem Umfeld (wenn Sie eben allgemeingültige Sätze formuliert haben).

Nun haben Sie eine Liste dieser allgemeingültigen Sätze, aber das ist erst der erste Schritt. Im zweiten Schritt geht es darum, diese Sätze ins eigene Unterbewusstsein zu programmieren. Picken wir uns doch einfach mal den Satz »Wir fühlen uns wohler, wenn wir gelobt werden« heraus. So wie Sie sich jeden Morgen einen Kaffee machen oder

Zähne putzen, könnten Sie in Ihren Tagesablauf ein Lob für einen anderen Menschen integrieren. Sagen Sie etwas Schönes zu Ihren Kindern, Ihrer Kollegin, dem Hausmeister, dem nächsten Verkäufer. Vielleicht schaffen Sie es sogar, mehrere lobende Worte pro Tag zu finden. Wichtig ist nur, dass es zu Ihrem Tagesablauf gehört, denn über die Routine programmieren Sie diesen Satz jeden Tag ein bisschen fester in Ihr Unterbewusstsein.

Nun sind Sie schon sehr weit gekommen, aber der wichtigste und letzte Schritt liegt noch vor Ihnen. Der weit kompliziertere Teil ist nämlich, dass Sie erkennen, warum andere Menschen gerade so reagieren, wie sie reagieren. Das fällt uns unheimlich schwer. Ein sehr bekanntes Beispiel ist die folgende Geschichte: Ein Mann betritt mit seinen Kindern die U-Bahn. Die Atmosphäre war bis zu diesem Zeitpunkt ruhig und entspannt. Doch das ändert sich schlagartig, denn die Kinder sind laut und aufgedreht. Sichtlich genervt verdrehen die Menschen die Augen, geben erste Unmutsbekundungen von sich. Der Vater regt sich allerdings keinen Millimeter. Als die Kinder damit beginnen andere Fahrgäste zu treten, platzt einer Frau der Kragen und sie fordert den Vater auf, endlich einzugreifen. Dieser blickt mit einem leeren Blick in ihr Gesicht und sagt: »Die Kinder und ich kommen gerade aus dem Krankenhaus. Vor einer halben Stunde ist ihre Mutter an den Folgen eines schweren Unfalls verstorben.«

Bis zum letzten Moment hat jeder Mitfahrende gedacht, dass der Vater jetzt endlich mal diese verzogenen Gören auf die Spur bringen müsste. Lineares Denken. Aber Menschen haben für ihr Verhalten immer einen Grund. »Warum zickt der mich so an?« – Vielleicht ist er hungrig? »Warum ist sie denn schon wieder beleidigt?« – Vielleicht hat sie die letzte Aussage verletzt? »Warum kommt er denn nicht mal mit uns feiern?« Vielleicht hat er eine Krankheit, die er unter Verschluss halten möchte?

Kennen wir den Grund, dann geht uns sofort ein Licht auf. Die Herausforderung besteht also darin, unserem Unterbewusstsein beizubringen, nicht nur die sichtbaren Fakten linear zu bewerten, sondern das große Ganze zu sehen und sämtliche Informationen bewusst und unbewusst miteinander zu verbinden.

Wie sich Glück erlernen lässt

Kurz bevor ich diesen Abschnitt abschließe, möchte ich Ihnen noch eine Betrachtungsweise des Neurowissenschaftlers Dr. Joe Dispenza mit auf den Weg geben. Er hat mein Denken stark zum Positiven beeinflusst. Ich möchte an dieser Stelle einige seiner Kerngedanken für Sie zusammenfassen.

Wie viele Menschen wachen morgens auf und denken umgehend an ihre Probleme? Diese Probleme sind nichts anderes als Aufzeichnungen und Erinnerungen im Gehirn. Jede einzelne dieser Erinnerungen ist mit Menschen bzw. Dingen zu bestimmten Zeiten und Orten verknüpft. Wenn das Gehirn also eine Aufzeichnung von früher ist, dann denken wir Menschen schon beim Aufstehen bereits in der Vergangenheit.

Jede einzelne dieser Erinnerungen beinhaltet eine Emotion. Emotionen sind im Prinzip die Endprodukte vergangener Erfahrungen. In dem Moment, in dem also die Erinnerungen an Probleme abgerufen werden, fühlen wir uns plötzlich unglücklich und traurig. Wir fühlen Schmerz. Dieses Denken und Fühlen bestimmt unseren aktuellen Zustand. Und weil dieser Kerngedanke so wichtig ist, muss man sich dies noch einmal bewusstmachen: Unser gesamtes gegenwärtiges Dasein liegt schon gleich morgens in der Vergangenheit. Was bedeutet das? Die abgespeicherte Vergangenheit wird früher oder später zu einer vorhersehbaren Zukunft.

Wenn Sie also glauben, dass Ihre Gedanken etwas mit Ihrem Schicksal zu tun haben, dann liegen Sie gar nicht so falsch. Im Großen und Ganzen werden Sie immer wieder eine Zukunft erschaffen, die sich aus Ihrer Vergangenheit speist. Doch unser Tag geht weiter. Wir schnappen unser Handy, checken WhatsApp, checken SMS, checken E-Mails, checken Facebook, machen ein Foto von etwas, posten es auf Facebook, tweeten etwas, huschen durch Instagram, und natürlich darf der Blick auf die Nachrichten nicht fehlen. Und jetzt fühlen wir uns wirklich mit allem verbunden, was in unserem Leben bekannt ist.

Und dann gehen wir durch eine Reihe von routinierten Verhaltensweisen. Wir steigen auf derselben Seite aus dem Bett, wir gehen auf die Toilette, wir holen uns eine Tasse Kaffee, wir duschen, wir ziehen uns an, wir fahren auf die gleiche Weise zur Arbeit, wir tun die gleichen Dinge, wir sehen dieselben Leute, wir drücken die gleichen emotionalen Knöpfe. All das wird zu einer Routine und diese Routine wird zu einem Programm.

Im Prinzip haben wir unseren freien Willen an dieses Programm verloren. Wenn wir uns verändern wollen, werden die Inhalte dieses Programms zu einem unterbewussten Gegenspieler. 95 Prozent dessen, was wir mit Mitte dreißig sind, ist eine gespeicherte Abfolge von Verhaltensweisen, emotionalen Reaktionen, unbewussten Gewohnheiten, fest verdrahteten Einstellungen, Glaubenssätzen und Wahrnehmungen, die wie ein Computerprogramm funktionieren.

Mit fünf Prozent unseres Bewusstseins können wir sagen: »Ich will gesund sein, ich will glücklich sein, ich will frei sein.« Aber der Körper läuft mit einem ganz anderen Programm. Wie können Sie damit beginnen, diese Veränderungen vorzunehmen? Sie müssen über den analytischen Verstand Lösungen finden, denn das, was den bewussten Verstand vom unterbewussten trennt, ist der analytische Verstand.

Eine Möglichkeit, diesen Zustand zu durchbrechen, ist Meditation. Dabei müssen Sie nicht zwingend irgendwelchen Klischees folgen und im Lotussitz auf einer Matte hocken. Meditation ist ein Zustand, in dem Sie den Alltag vergessen. Manche können das mit geschlossenen Augen auf einer sonnigen Parkbank oder beim Klavierspielen zu Hause. Andere am besten im Bett mit sanfter Musik. Es gibt auch spezielle Übungen, wie Sie Ihre Gehirnströme verändern können, um diese vor allem zu verlangsamen.

Wenn Sie diese Ebene erreicht haben, betreten Sie Ihr Betriebssystem, in dem Sie nun einige wirklich wichtige Veränderungen vornehmen können. Die meisten Menschen warten, bis eine Krise, ein Drama, eine Krankheit oder ein Verlust in ihr Leben tritt. Sie warten auf eine Tragödie, um sich zu einer Veränderung zu entschließen. Es stellt sich aber die Frage: Warum warten? Sie können eine Veränderung im Zustand des Schmerzes und des Leidens lernen, Sie können eine Veränderung aber auch in einem Zustand der Freude und der Inspiration lernen. Letzteres ist mir persönlich viel sympathischer.

Viele Menschen verbringen einen Großteil ihres Lebens in einer Art Kampfmodus und leben im Stress. Sie antizipieren immer das Worst-Case-Szenario, basierend auf einer vergangenen Erfahrung. Sie wählen das schlimmstmögliche Ergebnis und beginnen, es emotional mit Ängsten unfreiwillig zu umarmen, und konditionieren ihren Körper auf einen Zustand der Angst.

Wenn Sie das oft genug bei sich selbst wiederholen, bekommt der Körper auch automatisch Panikattacken. Das ist unterbewusst so programmiert. So werden Menschen süchtig nach dem Rausch dieser Emotionen und benutzen die Probleme und Umstände in ihrem Leben, um ihre Begrenzungen zu bekräftigen. Dann sind dem Selbstmitleid und den Ausreden Tür und Tor geöffnet. Es ist ein Weg, um Emotionen zu erleben. Leider eben die falschen. Auf die Frage »Warum bin ich nur so?« gibt es eine einfache Erklärung: Jedes Mal, wenn Sie sich an ein Ereignis erinnern, produziert Ihr Körper dieselben Botenstoffe in Ihrem Gehirn, als ob dieses Ereignis real wäre. Sie feuern und verdrahten dieselben Schaltkreise und senden dieselbe emotionale Signatur.

Ihr Körper ist in gewissem Sinne der unbewusste Verstand. Wenn Sie sich hinsetzen und anfangen, über ein zukünftiges Worst-Case-Szenario nachzudenken, das Sie in Ihrem Verstand heraufbeschwören, und Sie beginnen, die Emotion dieses Ereignisses zu fühlen, dann erkennt Ihr Körper nicht den Unterschied zwischen dem Ereignis, das in Ihrer äußeren Welt stattfindet, und dem, das Sie allein durch Emotionen oder Gedanken erschaffen. Die meisten Menschen bekräftigen ständig ihre emotionalen Zustände. Wenn es an der Zeit wäre, diese Emotion aufzugeben, könnten sie zwar sagen »Ich will mich wirklich verändern«, aber der Körper ist stärker als ihr Verstand, weil er so konditioniert wurde.

Der Diener ist zum Meister geworden. Und die Person, die auf einmal in das Unbekannte tritt, fühlt sich eher schuldig und leidet. Im Unbekannten zu sein ist für die meisten Menschen ein beängstigender Zustand, denn das Unbekannte ist das Ungewisse. Menschen sagen oft: »Ich kann meine Zukunft nicht vorhersagen, ich bin im Unbekannten.« Aber der beste Weg, die Zukunft vorherzusagen, ist, sie zu erschaffen. Nicht aus dem Bekannten, sondern aus dem Unbekannten. Welche Gedanken wollen Sie in Ihrem Gehirn abfeuern und verdrahten? Welche Verhaltensweisen wollen Sie an den Tag legen?

Mithilfe Ihrer Vorstellungskraft können Sie beispielsweise üben, sich eine positive Handlung auszumalen. Wenn Sie wirklich präsent sind, erkennt das Gehirn nicht den Unterschied zwischen dem, was Sie sich vorstellen, und dem, was Sie in der realen Welt erleben. Stellen Sie sich Ihre Gedankenwelt wie ein riesiges Filmarchiv vor. In diesem Fundus gibt es zu jedem Genre eine unendliche Auswahl. Sie können frei wählen. Soll es etwas Trauriges, Angsteinflößendes oder nicht besser etwas Hoffnungsvolles und Aufmunterndes sein? Bevor Sie beispielsweise zu Bett gehen, sollten Sie mithilfe einer für Sie passenden Meditationsform Ihre Gehirnaktivitäten herunterfahren und dann einen Film aus der Kategorie Hoffnungsvolles und

Aufmunterndes wählen. Das ganze Prozedere funktioniert auch als Tagtraum.

Mit diesem Vorgang beginnen Sie, die neurologische Software in Ihrem Gehirn zu installieren. Für Ihr Unterbewusstsein sieht es aus wie ein Ereignis, das bereits stattgefunden hat. Jetzt ist Ihr Gehirn nicht mehr eine Aufzeichnung der Vergangenheit. Jetzt ist es eine Landkarte für die Zukunft.

Der schwierigste Teil ist, unserem Körper emotional beizubringen, wie sich die Zukunft anfühlen wird, bevor wir sie tatsächlich erleben. Wir warten allzu oft auf Einflüsse von außen, um zu verändern, wie wir uns in unserem Inneren fühlen. Und wenn wir innerlich eine Verbesserung fühlen, schenken wir demjenigen Aufmerksamkeit, der das verursacht hat. Das heißt, die meisten Menschen verbringen ihr ganzes Leben damit, zu warten, dass sich da draußen etwas ändert.

In dem Moment, in dem Sie anfangen, sich reich zu fühlen, erzeugen Sie Reichtum. In dem Moment, in dem Sie sich ermächtigt fühlen, beginnen Sie, Ihrem Erfolg einen Schritt näherzukommen. In dem Moment, in dem Sie anfangen, sich gesund zu fühlen, beginnt Ihre Heilung. Und wenn Sie sich selbst und das ganze Leben lieben, erschaffen Sie ein Gleiches und bewirken nun eine Wirkung. Und das ist der Unterschied zu einem Leben als Opfer, welches immer als Ausrede hat: »Ich bin so wegen dieser Person oder dieser Sache oder dieser Erfahrung.«

»Die anderen haben mich dazu gebracht, so zu denken und zu fühlen.« Wenn Sie das umdrehen, werden Sie zum Schöpfer Ihrer Welt und fangen an zu sagen: »Mein Denken und mein Fühlen verändern mein Leben und meine Ergebnisse.« Sie fangen an, mehr daran zu glauben, dass wir selbst Schöpfer der Realität sind.

Sind Sie eigentlich bewaffnet?

Und noch etwas: Wir sprechen immer vom Kampf gegen die Pfunde, dem Kampf gegen die Angst, den inneren Schweinehund usw. – aber haben Sie sich eigentlich schon mal die Frage gestellt, ob Sie überhaupt bewaffnet sind? Etwas weniger martialisch benennen es Psychologen. Sie sprechen von Werkzeugen, die helfen, Probleme anzugehen. Einige der bekanntesten Fachbegriffe hierfür sind mentales Training oder Mentaltraining und Mentalcoaching. Diese Methoden nutzen unter anderem Gedankenszenarien wie: »Wenn ich das jetzt tue, was kann im schlimmsten Fall passieren?« Das Schlimmste ist oft gar nicht so furchtbar, dass wir es nicht aushalten würden. Ergo könnten wir es auch riskieren.

Das geht einher mit der häufig gestellten Frage: »Aber wovor hast du Angst?« Eine Fragestellung, die für viele Menschen zu abstrakt ist und zu keinem konkreten Ergebnis führt. Oftmals können die Betroffenen diese Frage also gar nicht beantworten. Eine positive Fragestellung könnte lauten: »Jetzt stell dir mal vor, du machst das tatsächlich – was wäre für dich das Schlimmste, wie diese Situation ausgehen könnte?« Und im zweiten Schritt dann: »Wenn du jetzt aus diesem Blickwinkel darüber nachdenkst, wäre das wirklich so schlimm? Welche Folgen hätte das? Wären diese für dich zu ertragen? Gäbe es auch positive Effekte durch dein Handeln?«

Beim Thema Trennung könnte so eine Situation sein: »Ich traue mich nicht, mit ihm das Gespräch zu suchen. Im schlimmsten Fall sagt er mir, dass er nicht mehr so viele Gefühle für mich hat, und wir trennen uns.« Positiver Effekt dieses Worst-Case-Szenarios: »Wenn er wirklich nicht so viel für dich fühlt – willst du dann lieber in einer Illusion leben oder die schmerzhafte Wahrheit erfahren? Nur so kannst du die Möglichkeit bekommen, abzuschließen, weiterzumachen und vielleicht wieder offen für jemanden zu sein, der dich wirklich liebt.«

Manche Menschen verfügen über solche Werkzeuge gar nicht. Sie müssen sie erst kennenlernen. Andere haben einen ganzen Werkzeugkasten und wissen auch, wie man diesen benutzt: »Situation XY, dafür brauche ich den Schraubenschlüssel Z, Problem gelöst.« Die eigene Komfortzone verlassen hat insofern auch viel damit zu tun, sich solche Werkzeuge zu bauen und deren Anwendung immer wieder und wieder zu üben. Im nächsten Kapitel stelle ich Ihnen einige dieser mentalen Werkzeuge vor.

Motivationswerkzeuge

Es gibt eine ziemlich große Palette an Antriebskräften und Motiven, die uns zum Handeln befähigen, unter anderem Hunger, Glaube, Angst, Geltungssucht, Liebe, Überlebenswille, Geldgier, Sicherheit, Prestige, Machtwille, Gerechtigkeit, Geborgenheit, Neid, Gesundheit oder Vergeltung. Manche erklären sich von selbst. Wer großen Hunger leidet, überwindet sich, auch weniger schmackhafte Nahrung zu sich zu nehmen. Wer kennt nicht mindestens eine Zeitungsnachricht vom Wanderer, der wochenlang im Wald umherirrte und vor lauter Hunger Insekten aß.

Eine Geschichte, die um die Welt ging, spielte sich 2003 in den USA ab. Der Bergsteiger Aron Ralston war zu einer mehrtägigen Solotour durch die Wildnis des Canyonlands-Nationalparks in Utah (USA) aufgebrochen. Als begeisterter Wanderer war er oft alleine klettern, insbesondere auf unwegsamem Gelände.

Als sich plötzlich ein Felsbrocken löst, stürzt Ralston ein paar Meter in die Tiefe, ohne sich zunächst merklich zu verletzen. Allerdings wird dabei sein Arm derart in einer Felsspalte eingeklemmt, dass er ihn nicht mehr lösen kann. Zunächst versucht er, den Stein mithilfe eines Messers zu bearbeiten, was ihm allerdings nicht gelingt. Irgendwann bricht die Nacht herein, und die Temperaturen fallen auf unter sieben Grad. Am nächsten Tag muss er feststellen, dass sein Arm, aufgrund fehlender Durchblutung, abgestorben ist. Ralston ist so verzweifelt, dass er versucht den Arm mithilfe des Messers zu amputieren. Doch die Knochen sind für sein stumpfes Messer zu hart. Es beginnt ein tagelanger Überlebenskampf, in dem er oft an seine Familie und seine Freunde denken muss. Er nimmt sogar Videos von sich auf, in denen er sich bei seinen Angehörigen und Bekannten verabschiedet.

Da er nicht schlafen kann, unterkühlt und fast verdurstet ist, beginnt Ralston zu halluzinieren. Im Wahn sieht er seinen ungeborenen Sohn. Diese Vision gibt ihm eine unvorstellbare Kraft und er fokussiert sich noch einmal auf seine Situation. Er lehnt sich gegen den Felsen und bricht sich den Armknochen, um sich zu befreien. Kurze Zeit später wird er gefunden und per Helikopter ins nächste Krankenhaus geflogen.

Insgesamt dauerte dieses Martyrium unglaubliche fünf Tage. Die Geschichte von Aron Ralston wurde 2010 sogar unter dem Kinotitel *127 Hours* verfilmt. Die Szenerie ist für uns unvorstellbar, aber wenn es um Leben und Tod geht, dann werden alle Überlegungen zu einer Option.

Der Überlebenswille ist höchstwahrscheinlich der stärkste Antrieb, den wir Menschen empfinden können. Doch wie oben erwähnt gibt es noch zahlreiche weitere Antriebskräfte. In diesem Kapitel werden wir einen Blick auf einige dieser Kräfte werfen, um zu ergründen, wie wir sie zu Motivationswerkzeugen formen und mit ihrer Hilfe unsere Komfortzone verlassen können.

Glaube

Egal ob religiös oder weltlich – unser Glaube kann Berge versetzen. Das ist nicht nur eine Redensart, sondern eine ganz besondere Kraft, die uns Menschen geschenkt wurde. Der eigentliche Vorgang funktioniert ähnlich wie eine Selbsthypnose. Wir predigen uns immer und immer wieder selbst eine Art Gelöbnis. Es ist eine Mischung aus Hoffnung und Wunsch, die sich aber klar auf ein Ziel fokussiert. Erinnern Sie sich bitte noch einmal an das Kapitel »Wie sich

Glück erlernen lässt«. Oftmals sprechen wir uns hierbei obendrein selbst Mut zu, je nachdem, welche Situation es in unserem Leben betrifft.

Ob wir diese Fähigkeit nützlich einsetzen, hängt zu Teilen von unserer Prägung und Erziehung ab. Es gibt kein einheitliches Bild, das glaubende und gläubige Menschen beschreiben würde. Die Fähigkeit zu glauben ist bei schwachen wie bei starken, bei jungen wie bei alten, bei armen wie bei reichen, bei ungebildeten wie bei gebildeten Menschen zu finden. Eine wichtige Unterscheidung gibt es natürlich: Glaube ich an Karma, etwas Göttliches, Schicksalhaftes bzw. Übernatürliches oder glaube ich an mich bzw. an ein zu erreichendes Ziel? Das eine schließt das andere nicht aus. Man denke nur an Mutter Teresa, die im Glauben, von Gott berufen zu sein, ihr Leben riskierte, um in Indien Leprakranke, Obdachlose und Sterbende zu pflegen.

Um sich die Diversität ins Gedächtnis zu rufen, möchte ich noch ein paar weitere Beispiele aufzeigen: Da wären die jungen Frauen der Widerstandsbewegung Weiße Rose wie Sophie Scholl, Margaretha Rothe und Hannelore Willbrandt, die gegen den Nationalsozialismus aufbegehrten. Oder der Spanier Justo Gallego Martínez. Nach seiner überraschenden Heilung von einer Tuberkuloseerkrankung baut er aus Dankbarkeit seit sechzig Jahren an einer Kathedrale in Mejorada del Campo, einem 23 000-Einwohner-Ort, rund zwanzig Kilometer östlich vom Stadtzentrum von Madrid. Und denken Sie nur an die zahlreichen Spitzensportler, Wissenschaftler oder Start-up-Gründer, die sich tausende Stunden aufreiben, weil sie fest ihr Ziel im Blick haben.

Glaube kann also nicht nur Mut hervorbringen, sondern auch besondere Leistungen. Wenn Sie im Besitz dieser Kraft sind, dann halten Sie vielleicht schon den Schlüssel zum Erfolg in Ihren Händen.

Stolz

Ende der 1990er Jahre habe ich meiner Frau zum Geburtstag ein Puzzle mit 8000 Teilen geschenkt. Das Motiv zeigt die Menschheitsgeschichte der vergangenen 2000 Jahre in Form eines riesigen Comics. Sie war begeistert und wir haben sofort angefangen, die ersten Teile zu sortieren. Doch schon nach kurzer Zeit mussten wir unterbrechen. Die Arbeit in der Tanzschule war so einnehmend, dass wir keine Zeit mehr gefunden hatten. Infolgedessen verschwand das Puzzle wieder in der Verpackung.

Jahrelang räumten wir es im Keller von einer Seite zur anderen, immer in der Hoffnung, eines Tages mal damit anzufangen. Im März 2020, also zwei Jahrzehnte später, war es dann endlich so weit. Die Corona-Pandemie zwang uns zu einer Pause.

Es war unser jüngerer Sohn, der das Puzzle in Angriff nehmen wollte. Da wir nicht wirklich etwas anderes zu tun hatten, fingen wir an. An manchen Tagen puzzelten wir zu viert, an anderen auch mal jeder für sich alleine. Wir hatten zunächst keinen besonderen Ehrgeiz, sondern ergänzten die Teile, wann immer wir Lust und Zeit hatten. Nach rund zwei Monaten waren große Bereiche fertig und man konnte erahnen, wie sich diese bald aneinanderfügen lassen würden. Wir erreichten eine Schwelle, nach deren Überwindung sich unsere Bemühungen plötzlich verstärkten. Uns packte der Ehrgeiz, und an manchen Tagen investierten wir mehrere Stunden am Stück. Eine Frage bewegte uns: Sind nach zwanzig Jahren tatsächlich noch alle Teile vorhanden?

Es baute sich eine unheimliche Spannung auf, und jeder wollte wissen, wie das Ganze ausgehen würde. Wenn man in eine Aufgabe mehrere hundert Stunden investiert, dann entsteht eine innere Verbindung, die emotionale Spuren hinterlässt. Die letzten Stunden vergingen wie im Flug. Es war ein wahrer Rausch. Als sich abzeichnete, dass nur noch eine Handvoll Teile übrig war, konnten wir die Spannung kaum ertragen. Wir wurden hektisch vor Freude. Und dann kam der große Moment. Jeder hielt noch zwei oder drei Teile in der Hand. »Geht es auf oder nicht?« So lautete die Frage, die jedem von uns durch den Kopf schoss. Sie werden es kaum glauben. Letztendlich waren genau 7999 Teile vorhanden. Es war eine emotionale Achterbahnfahrt. Obwohl zum Schluss ein Teil gefehlt hatte, waren wir alle unheimlich stolz auf uns. Wir schritten im Geiste noch einmal die ganzen Wochen ab und betrachteten das Werk in allen Details. Es war tatsächlich ein bewegender Moment.

Ich möchte für den Begriff Stolz eine Lanze brechen. Ich weiß, dass dieser Begriff umstritten ist, denn es gibt auf jeden Fall auch falschen Stolz, sozusagen den bösen Zwilling. Aber ich spreche von ehrlichem, gerechtfertigtem Stolz.

Wer eine schwierige oder langwierige Aufgabe erledigt, fühlt sich im Anschluss euphorisch. Dieses Gefühl, etwas geschafft zu haben, beflügelt uns. Und diese Antriebsfeder kann ein sehr großer Motivationsschub sein. Vielleicht auch Ihr persönlicher Trigger? Nehmen Sie sich mal einen Moment Zeit. Welche Leistungen im Leben haben Sie stolz gemacht? Ihre Kinder? Erfolge im Beruf? Der Schulabschluss? Der Führerschein? Ein Wettbewerb? Eine Auszeichnung?

Es geht nicht um die Größe des Erfolgs. Tauchen Sie noch einmal in den Moment ein. Wie hat sich das damals angefühlt? Der Hormoncocktail, der uns in solchen Momenten durchströmt, ist eine ganz besondere Mischung. Wir fühlen uns kraftvoll, gleichzeitig erleichtert, oftmals gewillt noch mehr zu schaffen. Solche Momente sind Höhepunkte in unserem Leben. Davon gibt es keine Hunderte. Meist nur so wenige, dass es uns keine Mühe kostet, sie im Geiste aufzurufen. Nun frage ich Sie: Ist es nicht wert, für solche Momente alles zu geben und auch dafür die Komfortzone zu verlassen?

Inspiration

Im Anfang war das Wort, und das Wort war bei Gott, und Gott war das Wort. Dieser bekannte Satz aus der Bibel enthält auch für Nichtgläubige einen richtigen und spannenden Ansatz. Worte sind in vielfacher Hinsicht ein Anstoß, eine Inspiration. Und Inspiration ist der Anfang von allem, was wir schaffen. Irgendein Motiv bringt uns auf die Idee auszuwandern, ein Buch zu schreiben, ein Musikstück zu komponieren, den Job zu wechseln oder etwas Bestimmtes anzupacken. Um diesen Anstoß zu erhalten, muss ich mich in irgendeiner Weise bewegen und etwas machen, das sich von meinem Alltag unterscheidet. Wenn wir unseren Routinen Tag für Tag folgen, kann uns nur sehr wenig Inspirierendes zustoßen.

Wir lesen zwar oft von wunderbaren Geschichten, die sich quasi aus dem Nichts ergeben haben, aber das passiert so häufig wie ein Sechser im Lotto. Das ist auch der Grund, warum wir davon erfahren. Diese Begebenheiten sind so selten, dass sie weitererzählt werden. Würden wir uns jeden Tag verlieben, wäre das nichts Besonderes. Würden wir jeden Tag Millionen im Lotto gewinnen, wäre das sicher nicht die Schlagzeile in den lokalen Nachrichten wert.

Die Wahrheit ist: Von nichts kommt nichts. Ausnahmen bestätigen zwar die Regel, aber diese Ausnahme werden vermutlich nicht Sie sein. Wenn Sie von einem erfolgreichen Musiker, einer außergewöhnlichen Schriftstellerin oder einem phänomenalen Redner hören, dann ist der Erfolg nur die Spitze des Eisbergs. Es wirkt auf uns so, als würden diese Menschen aus dem Nichts auftauchen. Aber in der Regel haben sie dafür jahrelang hart gearbeitet und viele Erfahrungen gesammelt. Und irgendwann sind sie in eine Situation gelaufen, die einen Funken entzündet hat. Dieser Funke hat dann die Energie für ihren Erfolg und ihre Bekanntheit freigesetzt. Viele virtuose Persönlichkeiten haben ihre Exzellenz nie einem breiten Publikum unter Beweis stellen können. Sie haben womöglich zu sehr in ihrer eigenen Welt gelebt und ihre Gewohnheiten nie verändert.

Ich möchte Sie ermutigen. Beschreiten Sie neue Wege. Probieren Sie Dinge aus. Essen Sie nicht immer im selben Restaurant, lesen Sie nicht immer dieselben Zeitschriften. Reisen Sie an unterschiedliche Orte, treffen Sie neue Menschen, probieren Sie Dinge aus, die Sie vielleicht vorher noch nie gemacht haben. Je ungewöhnlicher die Handlungen sind, desto eher wird unser Gehirn zum Denken angeregt.

Sie möchten trotz allem erst einmal klein anfangen? Kein Problem: Die simpelste Form der Inspirationssuche sind gute Bücher. Hier tauchen Sie in verschiedene Welten ein und bekommen aus dem heimischen Sessel heraus kostbare Anregungen.

Ich muss – ich will

Vor einigen Jahren habe ich folgende Geschichte in einer Zeitschrift gelesen. Ein Deutscher, Anfang sechzig, ist vollkommen überraschend verwitwet. Eigentlich wollten er und seine Frau noch die Welt entdecken, jetzt, da sie endlich das Rentenalter erreicht hatten. Ein herber Schlag des Schicksals. Um die Einsamkeit zu überwinden, entscheidet er sich, alleine loszufahren. Er bucht eine lange Reise durch Asien. Zuvor hatte er nur die Länder Europas besucht.

Eines Tages lernt er auf einem Ausflug eine Chinesin in seinem Alter kennen. Die beiden finden sich auf Anhieb sehr sympathisch, obwohl sie sich kaum mit Worten, sondern nur mit Zeichen verständigen können. Doch das hält sie nicht auf. Sie verlieben sich ineinander. Und dann geschieht ein kleines Wunder. Sie werden ein Paar und beziehen gemeinsam ein Haus in einem Dorf in China. Der Mann wird freundlich aufgenommen und lernt in nur anderthalb Jahren Mandarin, den verbreitetsten der chinesischen Dialekte. Eine immense intellektuelle Leistung.

Hätte man ihn zehn Jahre zuvor gefragt, ob er nicht Chinesisch lernen möchte, hätte er vermutlich nur gelacht, weil er es für unmöglich gehalten hätte. Und natürlich gab es zuvor auch keine externe Motivation, diese Sprache zu beherrschen. Der Witwer wurde durch einen Zufall in eine Situation gebracht, die seine Sichtweise grundlegend veränderte. Erfolgreiche Menschen können bewusst oder unbewusst dieses Muster in ihrem Handeln anwenden. Sie haben gelernt, aus ihren Aufgaben eine persönliche Herausforderung werden zu lassen. Aus dem »Ich muss« wird ein »Ich will«!

Haben Sie nicht auch schon einmal solch einen zufälligen Motivationsmoment erlebt? Es muss ja nicht die Liebe zu einer anderen Person sein, deren Muttersprache nicht die Ihre ist. Aber gab es bei Ihnen vielleicht auch eine vergleichbare Situation? Haben Sie eine oder mehrere Leidenschaften, die aus einem »Ich muss« ein »Ich will« haben werden lassen? Können Sie dieses Muster vielleicht bewusst auch auf andere Tätigkeiten übertragen?

Sportlicher Ehrgeiz

Einer meiner engsten Freunde arbeitet sehr erfolgreich in der Finanzbranche. Auf die Frage, was ihn eigentlich antreibt, gab er mir folgende Antwort:

»Ich war rund zehn Jahre Angestellter. Eines Tages bewarb ich mich bei einer angesehenen Firma. Der Chef war freundlich, arbeitete sehr penibel und war in vielerlei Hinsicht ein Vorbild.

Sein Büro war mit teuren Möbeln ausgestattet, er fuhr kostspielige Autos und kleidete sich elegant. Nach dem Vorstellungsgespräch war ich unentschlossen. Das Gehalt war nicht schlecht und die Arbeitsbedingungen besser als bei meiner vorherigen Stelle. Doch irgendetwas hielt mich davon ab, den Vertrag zu unterschreiben. Nach ein paar Tagen schoss mir folgende Frage durch den Kopf: Was kann dieser Chef eigentlich, was ich nicht kann? Warum sitze ich nicht an seiner Stelle? Wäre es nicht möglich, mich selbstständig zu machen und ebenso oder sogar noch erfolgreicher zu sein?«

In diesem Moment verließ er seine Komfortzone mit einem Gedanken: »Es ist wie ein sportlicher Wettkampf. Ich werde dafür trainieren und die Herausforderung annehmen!«

Wie ist die Geschichte wohl ausgegangen? Mein Freund beschäftigt heute zehn Mitarbeiter und hat ein sehr schönes Büro mitten in der Altstadt von Freiburg. Er hat sein Ziel tatsächlich erreicht und ist beruflich dort angekommen, wo er sich damals in seinen Träumen gesehen hat. Ob er in Zahlen gesehen nun erfolgreicher als sein Vorbild ist, lässt sich nicht direkt erkennen. Aber sein Ziel hat er deutlich erreicht.

Aufgeben? Keine Option!

Mein Geschäftspartner und ich waren 25 und 24 Jahre alt, als wir kurz nach Weihnachten 1996 ins Auto stiegen. Wir waren mit 100 Plakaten bewaffnet. Es war bitterkalt und die Sonne war schon untergegangen. Die Außentemperatur betrug minus fünf Grad.

Wir hatten kurz zuvor eine kleine Tanzschule übernommen, waren sozusagen frischgebackene Geschäftsführer. Die Plakate sollten die neue Saison bewerben, die Mitte Januar begann. Unser Plan war es, alle Stromkästen der Umgebung zu »verschönern«. Um die Plakate anzubringen, verwendeten wir doppelseitiges Klebeband. Bester Laune fuhren wir in meinem kleinen roten Ford Fiesta los. Nach den ersten Plakaten war klar, dass wir keine Handschuhe benutzen konnten, da wir die Klebestreifen sonst nicht hätten ablösen können.

Als wir rund die Hälfte aller Plakate angebracht hatten, löste das doppelseitige Klebeband die Haut an meinen Fingerkuppen ab. Anfangs hatte ich das nicht bemerkt, weil meine Finger durch die Kälte schon etwas taub waren. Als wir schließlich knapp achtzig Plakate geklebt hatten, waren meine Fingerspitzen ganz wund. Die letzten Plakate waren die reinste Qual. Wir fluchten über das kalte Wetter und die widrigen Umstände. Ein einsetzender leichter Schneefall brachte uns an den Rand der Verzweiflung. Die Situation war so skurril, dass wir nicht wussten, ob wir fluchen oder lachen sollten. Aber unter keinen Umständen hätten wir aufgegeben. Wir hatten ein klares Ziel vor Augen. Wir wollten einen erfolgreichen Saisonstart hinlegen und dafür haben wir alles gegeben.

Unsere Arbeit und Beharrlichkeit auch bei folgenden Aktionen sollten sich mehr als bezahlt machen. Wir konnten unsere Umsätze zwei Jahrzehnte lang stets im zweistelligen Bereich erhöhen.

Verpflichtung

Eine unserer Mitarbeiterinnen hat ein mit großer Leidenschaft gepflegtes Hobby. Sie liebt Pferde. Sie erfüllte sich vor einigen Jahren erneut ihren Traum vom eigenen Pferd. Wer sich in der Materie nur ein bisschen auskennt, weiß allerdings, dass der Traum vom Reiten auch seine Schattenseiten hat.

Sie selbst beschreibt es mit einem Lächeln als Hassliebe. Auf meine Nachfrage, warum das so sei, erhielt ich folgende Antwort: »Das Reiten und der Umgang mit einem solch großen Lebewesen sind ein Traum. Ich kann vollkommen abschalten. Aber ein Pferd ist nun mal jeden Tag da und braucht jeden Tag Zuwendung und Pflege. Ich muss also täglich morgens in den Stall, egal, wie es mir gerade geht, und das an sieben Tagen in der Woche.«

Die Pferdebesitzer im Stall unterstützen sich natürlich auch gegenseitig, und wenn es einmal gar nicht geht, weil jemand krank oder anderweitig verhindert ist, dann springt eine Kollegin oder ein Kollege ein. Aber das ist natürlich eher die Ausnahme als die Regel.

Es braucht nicht viel Vorstellungskraft, um sich Situationen vor Augen zu halten, warum das manchmal auch zur Qual werden kann.

In solchen Momenten wird man aber unweigerlich gezwungen seine Komfortzone zu verlassen. Wenn wir das Beispiel auf andere Situationen übertragen, sagen wir im Berufsleben, kann sich das durchaus positiv auswirken. Das muss gar nicht sieben Tage die Woche sein. Der Rhythmus alleine treibt uns an. Solche unumgänglichen Verpflichtungen sind für manche Menschen tatsächlich ein probates Mittel, um die Komfortzone zu verlassen.

Neugier

Es gibt eine Eigenschaft, die uns Menschen auszeichnet und die als Grundstein für Fortschritt und Wissen gelten darf. Dafür hat sich jemand den Begriff Neugier ausgedacht. Echt jetzt? Gier nach Neuem? Es macht fast den Eindruck, als hätte jemand diesen Fortschritt verhindern wollen, als hätten erzkonservative Glaubensbrüder im tiefsten Mittelalter die Menschheit vor Sodom und Gomorrha bewahren wollen. Besser wäre eigentlich Neu-Interesse. Klingt phonetisch natürlich schrecklich, trifft es aber ganz gut.

Mit Mitte dreißig stellen sich viele Menschen das erste Mal folgende Frage: Kann das schon alles im Leben gewesen sein? Kommt da noch was? Die Antwort auf diese Frage kann in Ihrem Fall nur ein Mensch beantworten. Sie selbst. Sie bestimmen, wo es langgeht. Wenn Sie sich also schon nach dem ersten Drittel Ihres Lebens langweilen und die Tage nur so an Ihnen vorüberziehen, dann kann ich Ihnen versprechen, dass sich ohne Ihr Zutun ab jetzt auch nichts mehr ändern wird. Die Zeit wird sogar gefühlt noch viel schneller vergehen. Sie werden einfach nur alt.

Spannende Ereignisse und interessante Erlebnisse prasseln nicht wie Regen auf Sie hinab. Sie werden sich immer dafür bemühen und im wahrsten Sinne des Wortes auch bewegen müssen. Es ist dafür notwendig rauszugehen, Menschen zu treffen, zu reisen, sich auszutauschen und fortzubilden. Stellen Sie Fragen und bleiben Sie immer neu interessiert.

Ray Kroc war 52 Jahre alt und Vertreter von Milchshakemixern. Der Job war nicht sein erster. Bis dato war er beruflich nicht besonders erfolgreich gewesen. Eines Tages bestellte eine Imbissbude bei ihm gleich sechs seiner Geräte auf einmal. Das war etwas ungewöhnlich. Kroc hätte sich einfach über diesen Auftrag freuen können. Das tat er auch. Er wurde aber auch neugierig. Was er nicht wusste – diese Neugier sollte sein Leben komplett auf den Kopf stellen.

Kroc fuhr zu dieser Imbissbude und brachte die Bestellung persönlich vorbei. Wozu braucht ein so verhältnismäßig kleiner Laden sechs seiner Geräte, fragte er sich. Die Antwort lag auf der Hand, als er vorbeifuhr. Der Laden war voll, die Kunden standen Schlange. Diese Beobachtung konnte jeder andere Kunde auch machen, und das waren vermutlich tausende. Doch bei keinem dieser Kunden hatte die Beobachtung etwas ausgelöst. Bei Ray Kroc war es anders. Er erkannte das ungeheure Potenzial und kaufte den Brüdern Richard »Dick« und Maurice »Mac« McDonald zunächst die Franchising-Rechte und später ihr Unternehmen ab. Sein Vermögen wuchs in den darauffolgenden Jahren auf rund 600 Millionen Dollar an.

Gute Ziele

Es gibt eine Vielzahl von Zielen. Zwei Arten stehen dabei besonders häufig in Konkurrenz zueinander. A: Ich möchte besser sein als jemand anderes. B: Ich habe ein selbstgestecktes Ziel, beispielsweise eine Fremdsprache oder das Zehnfingersystem auf der Computertastatur lernen. In Version A werden Sie in den meisten Fällen das Nachsehen haben. Denn selbst wenn Sie eines Tages besser sind als

Person X, wird im nächsten Moment Person Y kommen und vielleicht noch besser sein. Diesen Wettkampf können Sie folglich niemals gewinnen.

Viele Sportler oder Geschäftsleute, die ganz oben auf der Erfolgsleiter stehen, haben erkannt, dass es eine sehr viel effizientere Methode gibt, um genau hierhin zu kommen. (Bitte erinnern Sie sich an den Unterschied zwischen effektiv und effizient.) Die Lösung lautet: Es ist viel sinnvoller, einen bestimmten Leistungsaspekt zu trainieren bzw. zu erlernen, bis er perfekt ist, als nur generell besser als Person XY sein zu wollen. Tennis ist ein wunderbares Beispiel.

Das primäre Ziel der besten Profis liegt nicht darin, den Gegner XY zu schlagen, sondern die Fehlerquote beim eigenen Return oder Aufschlag auf null zu reduzieren. Das hat dann zur Folge, dass sie jeden Gegner schlagen können oder zumindest in einem oder mehreren Bereichen klar überlegen sind. Der Fokus liegt also auf der Perfektion. Als Zuschauer meint man immer, sie oder er hatte nur zum Ziel, den Gegner zu schlagen. Aber wir sehen das eventuell aus der falschen Perspektive. Wenn Sie stetig auf ein Ziel hinsteuern wollen, dann trainieren Sie eine Fähigkeit nach der anderen bis zur Perfektion. Der Erfolg kommt dann von ganz alleine.

Aus meinem eigenen Leben kann ich Ähnliches berichten. Unser Unternehmen wurde nicht zu Europas größter Tanzschule, weil wir dies zum Ziel hatten. Wir haben nach und nach jeden Aspekt unserer Arbeit durchleuchtet. Begonnen haben wir mit dem Marketing. Hier wurden die Investitionen aufgestockt, das Logo immer wieder zeitgemäß angepasst, die Bilder und Texte professionell erstellt. Es hat viele Jahre gedauert, bis wir auf einem guten Level ankamen. Parallel haben wir die Unterrichtskonzepte erneuert, die Räume ausgebaut, das Angebot vergrößert und viele kleine Verbesserungen vorangetrieben.

Das alles hat sich in den Kundenzahlen widergespiegelt. Diese haben wir letztendlich verzwanzigfachen können. Das war aber anfangs nicht unser Ziel – wir wollten uns schlicht und ergreifend verbessern.

Leistung macht glücklich

Das Wort Leistung hat einen schweren Stand in unserer Sprache. Oft ist es negativ besetzt. Leistungsdruck, Leistungsgesellschaft, Leistungsgrenze – so lauten nur einige abschreckende Beispiele. Dabei geht ohne Leistung nichts. Weder räumt sich die Küche von alleine auf, noch bezahlt Ihnen jemand Geld fürs Nichtstun. Der Ausdruck ist einfach in Misskredit geraten, weil die Kombination mit anderen Wortteilen zu negativen Assoziationen führt. Und doch ist Leistung ein ganz wichtiger Bestandteil unseres Lebens.

Um die Bedeutung des Wortes zu verstehen, empfehle ich den Blickwinkel zu ändern. Wenn ich nichts leiste, was bewegt mich dann im Leben? Worüber kann ich mich unterhalten? Über welche Werte definiere ich mich? Ich möchte hierzu eine Geschichte aus meinem direkten Umfeld erzählen.

Mein bester Freund Johnny hat den Grundstein für meine eigene berufliche Laufbahn gelegt. Er war es, der mich letztendlich zu einem Tanzkurs überredete. Das Tanzen hatte für uns in den ersten Jahren in mancher Hinsicht eine sehr unterschiedliche Bedeutung. Für ihn war das gesellige Beisammensein in unserem Freundeskreis der wichtigste Grund, um Kurse zu belegen. Mich hat vielmehr die Perfektion der Bewegungen fasziniert. Nachdem wir alle regulären Kurse absolviert hatten, gab es in tänzerischer Hinsicht nur den Weg zum Tanzen als Leistungssport, um noch besser zu werden.

Eigentlich war die Suche nach Perfektion aber nicht der Hauptgrund, warum Johnny das Tanzen so ans Herz gewachsen war. Im Grunde genommen war es vermutlich der Gruppenzwang, der ihn zum professionellen Trainingsbetrieb bewog. Schnell wurde klar, dass er sich nicht so sehr auf die Trainingseinheiten freute wie die anderen. Nach einigen Turnieren gab es private Differenzen, und er trennte sich von seiner Partnerin.

Es vergingen einige Jahre, aber tatsächlich wagte er einen zweiten Versuch. Diesmal mit einer Tänzerin, die ihn mit einer Portion Humor und Hartnäckigkeit vom Leistungsgedanken überzeugen konnte. Die beiden erreichten nach relativ kurzer Zeit das Finale der Landesmeisterschaft.

Wenn er heute auf das Thema zu sprechen kommt, dann funkeln seine Augen vor Stolz. Er beschreibt diesen Erfolg sogar als Grundpfeiler seiner beruflichen Karriere. Sein gesamtes tänzerisches Selbstbewusstsein fußt mehr oder weniger darauf. Er hätte es sich nie verziehen, wenn er sich damals nicht zu dieser Leistung gezwungen hätte.

Vermutlich kennen Sie ähnliche Geschichten aus Ihrem Umfeld oder gar aus Ihrem eigenen Leben. Mein persönliches Fazit lautet: Wir brauchen Phasen, in denen wir uns quälen und Leistung erbringen. Es ist eine wichtige Quelle für ein zufriedenes Leben.

Das Glückskonto

Sind wir als Menschen in der Lage, negative Energie in positive umzuwandeln? Können Handlungen, die wir als lästig empfinden, in kleine Triumphe umgewandelt werden? Ich möchte in diesem Abschnitt von meinen persönlichen Erfahrungen sprechen, und vielleicht können diese auch Anregung für Sie sein, um bei ähnlich gelagerten Problemen eine Änderung hervorzurufen.

Wer kennt das nicht? Man kocht gerade, und plötzlich fällt einem auf, dass eine oder sogar mehrere Zutaten fehlen. Was ist zu tun? Wir müssen notgedrungen zum Supermarkt laufen und die benötigten Sachen einkaufen. Früher habe ich mich immer geärgert und darüber nachgedacht, wie dumm das doch sei, weil ich ja ein paar Stunden zuvor an einem Laden vorbeigekommen war. Doch vor ein paar Jahren habe ich eine Kleinigkeit in meinem Leben geändert, und seitdem springt bei mir in dieser Situation ein positives Programm in meinem Kopf an.

Diese kleine Änderung entstand mehr oder weniger durch einen Zufall. Bei einer Zugfahrt habe ich mich aus Langeweile mit den Funktionen meines Handys auseinandergesetzt. Hierbei stieß ich auf die vorinstallierte Gesundheits-App. Also gab ich dort Notfallnummern, Blutgruppe und ein paar andere Daten ein. Dann sah ich, dass das Handy auch meine gelaufenen Schritte mitzählt. Seitdem habe ich mir vorgenommen, 12 000 Schritte täglich zu absolvieren. Um diesen Durchschnitt zu erreichen, muss ich mich für meine Verhältnisse anstrengen, denn es gibt ja auch Krankheitstage, an denen ich mich sehr wenig bewege und schon gar nicht mit dem Handy. Werde ich also vom Schicksal zum spontanen Einkaufen gezwungen, ärgere ich mich seitdem nicht mehr über meine Vergesslichkeit, sondern sehe nur noch die Schritte, die ich auf mein »Konto« einzahle.

Ich baue mir also ein Szenario auf, in dem ich als Gewinner aus der Situation hervorgehe. Im Prinzip geht es um eine Veränderung des eigenen Blickwinkels. Dieses System können Sie auf unzählige andere Situationen übertragen. Sie wollten unbedingt Konzertkarten für 200 Euro haben, und alle sind ausverkauft? Klasse, Sie haben ad hoc viel Geld gespart und vielleicht auch Ärger, wenn sich das Konzert als Reinfall entpuppt hätte. Sie sitzen im Zug, und der hat Verspätung? Wunderbar, dann können Sie endlich mal wieder Ihre Mutter anrufen oder ein bisschen lernen. Mitunter müssen Sie aber auch ein bisschen tiefer in die Trickkiste greifen: Sie sind Fan einer Fußballmannschaft,und jede Niederlage schmerzt Sie fast körperlich? Wetten Sie beim nächsten Spiel einen kleinen Betrag gegen Ihre eigene Mannschaft, sagen wir zehn oder zwanzig Euro. Gewinnt Ihre Mannschaft oder spielt zumindest unentschieden, dann wiegt die Freude viel stärker als der Geldverlust. Verliert Ihre Mannschaft, haben Sie wenigstens einen monetären Gewinn eingefahren, sozusagen ein Trostpflaster. Egal, was es ist, Sie sind auf jeden Fall ein Gewinner.

Viele Menschen fürchten die Zukunft oder haben Panik, älter zu werden. Ich habe mir im Laufe meines Lebens viele Lebensereignisse in die Zukunft gesetzt, auf die mich jetzt schon freue. Das sind feste, teilweise jährliche Termine, die ich mir selbst ausgedacht und gesetzt habe. Zum Beispiel das Essen mit einem besonderen Freundeskreis, die Verabredung zu einem Sportereignis oder auch berufliche Anlässe, die ich selber steuern kann. Ich habe auch meine Kredite und Lebensversicherungen in kleinere Einheiten verteilt. Die Freude über einen fertig bezahlten Kredit ist für mich immer ein tolles Highlight nach dem Motto: Ziel erreicht, »mission accomplished«.

Lebenszeit sinnvoll nutzen

Für Tätigkeiten oder Aufgaben, die ich nur ungern erledige, habe ich mir ein sehr praktisches mentales Werkzeug erstellt. Es ist eine Frage, und die lautet: Ist es möglich, diese unangenehme Zeit mit etwas Angenehmem oder Nützlichem zu verbinden? Hierzu habe ich zwei wunderbare Beispiele.

Nummer eins: Der Weg zur Arbeit. Die Hälfte aller arbeitenden Menschen benötigt zur Arbeit pro Weg zwischen dreißig und neunzig Minuten. Hin und zurück also ein bis zu drei Stunden. Das sind bei ca. 210 Arbeitstagen also 210 bis 630 Stunden pro Jahr. Klingt furchtbar. Doch jetzt stellen Sie sich vor, dass Sie eine Aufgabe zu bewerkstelligen hätten, die Ihnen Freude bereitet oder Sie voranbringt. Und dafür bleiben Ihnen nur 300 Stunden! Es ist ein Gedankenspiel, mit welchem Sie den Blickwinkel ändern. Aus einer negativen Erfahrung kann eine positive werden. Mit ein paar hundert Stunden können Sie, mit einem passenden System, passabel Französisch oder Italienisch lernen. Die Zeit würde auch reichen, um sich auf einem Gebiet sehr viel Wissen anzueignen. Nehmen Sie sich einen kurzen Moment Zeit. Welche Themen interessieren Sie?

Die Wissensvermehrung auf dem Arbeitsweg funktioniert bestens über Hörbücher oder kurze Zusammenfassungen von Fachliteratur im Audioformat von Services wie bei Blinkist. Ich höre pro Jahr rund neunzig sogenannte »Blinks« (Zusammenfassungen). Die Eigenwerbung auf der Webseite lautet: »Bring mehr Wissen in deinen Alltag. Blinkist ist eine App, die Sachbuchwissen auf dein Smartphone bringt. Zum Lesen und Anhören in 15-minütigen Blinks, innovativen Audioformaten oder Hörbüchern in voller Länge.«

Es gibt auch andere Formate, die Sie über eine kurze Recherche finden können.

Ich selbst habe einen verhältnismäßig kurzen Weg zur Arbeit, aber ich nutze ihn effizient. In den letzten Jahren habe ich durch diese Blinks spannende Einblicke in Geschichte, Politik, Marketing, Biografien, Wissenschaft, Psychologie und zahlreiche andere Themenfelder bekommen. Meist suche ich mir sogar Titel heraus, die weit weg von meinen Gewohnheiten und Interessen liegen. Immer wieder erhalte ich dadurch inspirierende Ideen und werde in geheimnisvolle Welten entführt.

Nummer zwei: aufräumen und putzen. Hier nutze ich dasselbe Prinzip. Und wenn die Zeit nicht für ein Hörbuch reicht? Gerade wenn die Tätigkeit sehr einfach und schnell zu erledigen ist, wie Teller und Gläser spülen, dann eignet sich die Zeit wunderbar, um seine Freunde oder Geschäftspartner anzurufen und Kontakte zu pflegen.

Letzten Endes ist es natürlich Ihnen überlassen, wie Sie an sich vertane Zeit doch noch sinnvoll nutzen. Sie können zum Beispiel auch meditieren, während Sie in der Bahn auf dem Weg zur Arbeit sitzen. Wichtig ist nur eins: Auch Fahrt- oder Wartezeit ist Lebenszeit und kann sinnvoll genutzt werden.

Anerkennung

Wir haben fast alles. Essen und Trinken, ein Zuhause, Sicherheit, Freiheit, Freizeit. Und doch gibt es im Leben der meisten Menschen eine große Bedürfnislücke (hier liegt auch der Grund für den Erfolg und die damit einhergehende Macht der sozialen Netzwerke). Ich spreche von Anerkennung. Es ist ein Fass ohne Boden, und es möchte und muss ständig gefüllt werden.

Anerkennung wird durch Fähigkeit erzeugt und ist so gut wie immer mit harter Arbeit verbunden. Und hier liegt auch direkt der Grund verborgen, warum die meisten Menschen weniger Anerkennung erfahren, als sie benötigen: Die Leistung stimmt nicht. Das klingt zunächst hart und vielleicht auch ein wenig unfair. Immerhin sollten auch Leistungen gewürdigt werden, die zunächst einmal alltäglich wirken, wie die Kinder in die Schule bringen oder den Abwasch erledigen. Und Sie haben recht: Wenn Ihnen hierfür keine Anerkennung zuteilwird, beispielsweise vonseiten Ihrer Familie, ist das falsch. Von diesen Leistungen ist hier jedoch nicht die Rede. Es geht vielmehr um die außergewöhnlichen Leistungen. Man könnte auch sagen: Ihr individuelles Können.

Hierzu ein Gedankenspiel: Wenn Sie nicht explizit zu den wichtigsten Führungskräften oder Spendern aus Politik und Wirtschaft gehören, dann ist die Chance, dass sich der amerikanische Präsident mit Ihnen treffen möchte, sehr gering. Eigentlich gibt es nur zwei Gründe: Sie können etwas Außergewöhnliches, oder Sie wissen etwas Außergewöhnliches. Einladungen erhalten in der Regel Künstler, Wissenschaftler, Sportler oder Philosophen. Bekannt sind vor allem die Videos von Privatkonzerten im Weißen Haus. Ausgelassen singen Michelle und Barack Obama in der ersten Reihe zu Stevie Wonder oder auch Ariana Grande (übrigens beide sehr sehenswert, siehe YouTube).

Wenn Sie beispielsweise den ganzen Tag im Internet surfen oder sich durch die sozialen Medien scrollen – wer sollte sich für Sie interessieren? Was wäre an Ihnen denn außergewöhnlich?

Sie können den Spieß auch einfach umdrehen. Sie sind nun der amerikanische Präsident. Wen würden Sie denn einladen? Menschen, die den ganzen Tag im Internet verbringen und sich dort tagein, tagaus mit Videos aus den sozialen Netzwerken berieseln lassen? Vermutlich würden Sie ebenfalls eher interessante Menschen mit besonderen Fähigkeiten oder speziellem Wissen treffen wollen.

Der amerikanische Präsident dient in diesem Beispiel nur als Platzhalter, um zu verdeutlichen, was Menschen interessant macht und was sie interessiert, wenn alle Türen der Welt offenstehen. Darum nochmals die Frage: Warum sollen sich Menschen wünschen, Sie zu treffen? Was ist Ihr individuelles Können?

Fazit

Sie sind ein einzigartiges Individuum. Millionen Details unterscheiden Sie von allen anderen Menschen auf diesem Planeten. Sie werden beeinflusst von Ihren Genen, Ihrem Mikrobiom, Ihren Erlebnissen, Ihrer Nahrung, dem Klima, Ihren Freunden, Kollegen, Hormonen, Ihrer Familie, Erziehung, Arbeit usw.

Das Thema Komfortzone ist fast so vielfältig, wie Sie selbst es sind. Wie Sie gesehen haben, gibt es eine Vielzahl von Gründen, die uns daran hindern, die Komfortzone zu verlassen. Auf der anderen Seite stehen uns aber hilfreiche Werkzeuge zur Verfügung, die uns dienen und mit deren Hilfe wir Grenzen überschreiten können.

Doch wie finden wir die Werkzeuge, die wir benötigen? Es wird vermutlich keine simple Lösung oder ein einziges Detail sein, das aus dem Nichts eine Explosion in Ihrem Denken hervorruft. Menschen, die augenscheinlich aus dem Nichts eine Kehrtwende vollzogen haben, hatten eine gewisse Konstellation, die ihnen das Verlassen der Komfortzone erst ermöglicht hat.

In unserem Kopf sind unzählige Programme verankert. Das ist wichtig und auch in den meisten Fällen von Vorteil. Ohne diese Programme wären wir unfähig, unser Leben zu meistern. Alltägliche Abläufe wie Zähne putzen, telefonieren, einkaufen oder das Verständnis für die Bedienung eines Computers, Föhns oder einer Waschmaschine wären nicht möglich.

Tatsächlich sind nur einige wenige dieser Programme hinderlich oder fehlerhaft konstruiert. Und genau diese müssen wir finden und verändern.

Ich bin überzeugt davon, dass es auch bei Ihnen Stellschrauben gibt, mit deren Hilfe sich Ihre Programme verändern lassen, wenn Sie Ihre Komfortzone ernsthaft verlassen möchten. Sollte Sie eines der Kapitel besonders angesprochen haben und Sie eine Verbindung zu einem der Themen verspüren, dann empfehle ich Ihnen, es ein zweites Mal zu lesen und nach weiterer Literatur zu suchen.

Ein Schritt aus der Komfortzone hat auch mein Leben verändert

Es war an einem Dienstag im April 1988, ich war fünfzehn Jahre alt. Nach dem Mittagessen verabredete ich mich mit meiner Nachbarin. Sie und einer meiner Klassenkameraden hatten sich gemeinsam mit mir zum Tanzkurs angemeldet. Mein bester Freund war schon seit einem halben Jahr in der Tanzschule und erzählte von aufregenden Partys und vielen neuen Bekannten.

Zu meinem Erstaunen hatte er dort auch umgehend eine Freundin gefunden. Sie hieß Michaela. Ich war innerlich hin- und hergerissen. Meine Gefühle wechselten zwischen ein bisschen Neid, Erstaunen und Neugier. Wie konnte mein eher schüchterner Freund, der zuvor noch nie etwas mit Mädchen anfangen konnte, so ohne Weiteres eine Partnerin gefunden haben? Was war das für ein geheimnisvoller Ort?

Letztlich gab meine Neugier auch den Ausschlag, dass ich mich zu einer Anmeldung durchringen konnte.

Herr Gutmann, der Tanzlehrer, war zwar ein Mann alter Schule, aber er wusste die Prinzipien von aktueller Musik, Begeisterung für Tanzschritte und zeitgemäßem Unterricht zu mischen.

Als ich den Saal betrat, fühlte ich mich wie in einer unwirklichen Blase. Tanzen erfordert zu Anfang kein großes Können, aber volle Konzentration. Dazu kommt die Aufregung, mit dem anderen Geschlecht zu tanzen, das man vielleicht auch noch attraktiv und hübsch findet. Ich brauchte jedenfalls keine zwei Minuten, um zu wissen, mit wem ich tanzen wollte. Sie hatte braune Locken, trug eine Jeansjacke, und ihr Aussehen hatte mich paralysiert.

Herr Gutmann stellte die Jungs und die Mädchen wie bei einem Duell gegenüber. Er sagte: »Ich zeige euch nun, wie man jemanden korrekt auffordert. Man geht schnurstracksgerade auf den Herzenspartner zu und dann …« Er lief dabei zunächst gerade und blickte ein Mädchen an, um dann im nächsten Moment, wie von einer Pistolenkugel getroffen, diagonal taumelnd nach rechts zu laufen. Ich vermute, er hatte diesen Gag schon ein paar dutzend Mal zuvor ausgepackt. Nichtsdestotrotz lachte die Gruppe laut los und die Stille und Aufregung waren gebrochen.

Als er das Kommando zum Auffordern gab, ging ich schnell auf mein Ziel zu. Das sah vermutlich etwas übereifrig aus. Mir war es im zweiten Moment etwas peinlich, aber ich habe immerhin bekommen, was ich wollte.

Für mich hat sich dieser Schritt angefühlt, als würde ich durch ein Tor in eine andere, ganz besondere Welt treten.

Meine Geschichte ist noch nicht einmal einzigartig, sie wiederholt sich jedes Jahr tausendfach. Tanzkurse verändern Menschen zum Positiven. In meiner Laufbahn als Tanzlehrer habe ich hunderte Liebespaare zusammengebracht und bin sicherlich auch mitverantwortlich für viele Kinder, die heute durch Freiburg und die Welt springen.

Für mich persönlich war es noch viel mehr. Ich habe meine Berufung und mein großes Lebensglück gefunden. Meine heutige Frau war, Sie können es sich schon denken, auch eine Kursteilnehmerin. Apropos: Mein bester Freund spielt auch heute noch eine große Rolle in meinem Leben. Wir haben einige Jahre später, zusammen mit einem weiteren Kollegen, die Tanzschule übernommen und um ein paar Filialen erweitern können.

Interviews

Neurologische Muster lassen sich neuen Lebenswelten anpassen. Wir können nicht nur unsere Muskeln, sondern auch unser Gehirn mit gezielten Reizen trainieren, wenn wir verstehen, welche Maßnahmen dazu notwendig sind.

In den Wochen der Entstehung dieses Buches habe ich bekannte Menschen aus meinem Umfeld gebeten, zu erzählen, wie sie mit Hürden und Hindernissen umgehen und wie sie ihre Komfortzone überwinden, wenn es notwendig ist. Ihre Antworten möchte ich Ihnen nun nicht länger vorenthalten.

Ohne Fallschirm 100 Meter in den Abgrund springen

Martin Schmitt (Olympiasieger Skisprung)

Eines habe ich für mich gelernt: Je größer die Sicherheit und das Vertrauen in die eigenen Fähigkeiten, desto weniger braucht es an Überwindung.

Als Skispringer wird man immer wieder mit kritischen Situationen konfrontiert. Bei Wettkämpfen sind beispielsweise nur zwei Trainingssprünge auf den großen Schanzen üblich. Das ist sehr wenig. Es bleibt praktisch keine Zeit, sich an die Verhältnisse zu gewöhnen. In diesen Situationen habe ich mir klargemacht: »Du kannst es, dafür hast du trainiert, vertraue dir selbst.« Wichtig waren die Konzentrationsphase und der Wille, 100 Prozent zu geben.

Ich hatte aber auch einige wenige Wettbewerbe, bei denen ich das nicht gefühlt habe. Beispielsweise 2011 bei einem Weltcup im Skifliegen. Die Bedingungen waren nicht optimal, meine Sprünge nicht stabil. Nach dem zweiten Sprung war es mir zu gefährlich, weil mir die Sicherheit und das Vertrauen für »meinen Sprung« gefehlt hatte.

Erfolgserlebnisse helfen, Sicherheit zu gewinnen. Ich habe im Alter von sechs Jahren mit dem Springen angefangen. Nach jedem kleinen Erfolg war ich innerlich ein Stück gewachsen. Ein besonderes Erlebnis hatte ich mit zwölf Jahren. Ich durfte das erste Mal von einer für mich damals sehr großen Schanze springen. Es dauerte über eine Stunde, bis ich den Mut fand, die Herausforderung anzunehmen. Doch als ich es geschafft hatte, war ich wieder eine Stufe nach oben geklettert.

Es gab aber auch Rückschläge. Mit sechzehn hatte ich einen schweren Sturz mit einem kompliziert gebrochenen Arm und starken Prellungen. Ich war gezwungen, ein halbes Jahr zu pausieren. Im Anschluss musste ich Schritt für Schritt wieder das Vertrauen finden und mich darauf besinnen, dass ich gut springen kann. Da gab es dann auch den Moment nach dem Motto: Augen zu und durch.

Meine persönliche Einstellung heißt: Das Risiko abschätzen und eine klare Entscheidung treffen. Es hilft nicht, zögerlich zu sein. Der Vorwärtsgang ist immer die bessere Wahl.

Absolut notwendig ist dein Ziel, das du fest im Blick behalten musst. Als Kind kletterte ich Stufe für Stufe nach oben. Aber irgendwann war mir klar: Ich möchte in die Weltspitze, und ich habe daran geglaubt, es schaffen zu können. Ab diesem Zeitpunkt habe ich sehr fokussiert an mir gearbeitet und genau beobachtet, wie die Topleute trainieren, sich ernähren und welche Techniken sie anwenden. Immer wenn etwas Neues beginnt, endet die Komfortzone. Auf alte Qualitäten kann man sich dann nicht immer verlassen. In diesem Moment musst du bereit sein zu lernen. Heute spielen sich meine Herausforderungen auf einer anderen Ebene ab. Es geht nicht mehr um Leib und Leben. Aber auch als Vortragsredner oder Sportkommentator gibt es Herausforderungen, bei denen ich mich überwinden muss. Aber ich bleibe mir treu und sage mir: Der Vorwärtsgang ist immer die bessere Wahl.

Martin Schmitt ist einer der erfolgreichsten Skispringer Deutschlands. Er gewann Olympisches Gold, vier WM-Titel und feierte 28 Weltcupsiege. Heute arbeitet er als TV-Experte im Fernsehen und betreibt, gemeinsam mit einem Geschäftspartner, eine Vermarktungsagentur.

Angst, aus der Gruppe zu fliegen

Heike Drechsler (Olympiasiegerin Leichtathletik)

Still sitzen und nichts tun war nie mein Ding. Schon als Kind war ich sehr aktiv.

Die Leichtathletik war und ist für mich ein Ventil. Ich hatte schon immer einen inneren Antrieb. Mein Trainer musste mich förmlich bremsen, damit ich nicht über alle Maßen trainiere und mich nicht zu sehr schinde.

Doch es gab für mich Unterschiede. Weitsprung und Sprints waren meine liebsten Beschäftigungen. Ausdauer und Krafttraining waren dagegen eher ein Muss. Doch drei Dinge haben mir geholfen meine Komfortzone zu durchbrechen.

Erstens: Leichtathletik ist selten ein Einzeltraining. Wir waren immer eine Gruppe von zehn bis zwölf Leuten. Da wollte sich keiner die Blöße geben oder gar aufgeben. Dadurch musste ich mich auch auf Trainingseinheiten einlassen, die mir nicht so viel Freude gemacht haben. Wie heißt es so schön: Konkurrenz belebt das Geschäft. Dass eine Gruppe sich gegenseitig hochzieht, habe ich 1993 bei der Leichtathletik-Weltmeisterschaft in Stuttgart erleben dürfen. Auf dem Treppchen standen neben mir meine Trainingskolleginnen aus Dänemark und Litauen.

Zweitens: Erfolge, auch wenn zunächst nur kleine, spornen unheimlich an. Ich habe schnell erkannt, dass Kraft und Ausdauer Teil meines Erfolges sind. Mein Trainer hat es gut verstanden, mich in psychischer Hinsicht auszubalancieren. Er hat meine Energie gut aufgeteilt und mir verständlich gemacht, wie eine gute Trainingsmischung aussieht.

Und drittens gab es auch eine gewisse Angst, aus der Gruppe zu fliegen. Leider habe ich das bei meiner besten Freundin mit ansehen müssen, als ihre Leistungen nicht mehr ausgereicht haben. Da mir die Leichtathletik alles bedeutete, habe ich mich immer wieder dazu angetrieben, ausreichend und gewissenhaft zu trainieren.

Im Laufe des Lebens hat sich in mir eine gewisse Routine entwickelt, und die Trainingsabläufe sind bis heute geblieben. Natürlich nicht im gleichen Umfang, aber die Verankerung im Leben ist so gefestigt, dass ich nicht auf mein Training verzichten möchte. Ich muss mich dazu nie zwingen, weil es meine Berufung ist.

Beruflich bin ich heute im Bereich Sportmanagement und Bewegungsberatung tätig. Ich habe vielen Menschen helfen können, weiß um die Probleme, den inneren Schweinehund zu besiegen. Aus all dieser Erfahrung kann ich sehr genau und klar benennen, was wichtig ist und welche Strategie zum Erfolg führt: Setzen Sie sich realistische Ziele, die Sie zu festgelegten Zeiten umsetzen können. Auch wenn die Ziele nur klein sind – viel wichtiger ist die Routine. Also besser abends mit einem kleinen Spaziergang an der frischen Luft anfangen, als sich von null auf hundert fünfmal die Woche ins Fitnessstudio zu quälen. Letzteres ist zum Scheitern verurteilt, ersteres kann der Anfang für mehr sein.

Heike Drechsler arbeitet heute im Bereich Gesundheitsmanagement, hält Vorträge und ist Unternehmensbotschafterin einer großen gesetzlichen Krankenkasse.

Zuhören und lernen

Matthias Ginter (Fußball-Weltmeister)

Für mein Empfinden verlassen wir vor allem in der Kindheit ständig unsere Komfortzone. Wir haben in diesem Alter auch keine andere Wahl, werden mehr oder weniger in ein System gesteckt. Ich habe noch einprägsame Erinnerungen an meinen ersten Schultag. Alles war aufregend und fühlte sich sehr ungewohnt an. Lauter neue Gesichter, ein neues Gebäude und dazu ein festgelegter Plan. Ein ziemlich krasser Unterschied zum Kindergarten. Ganz ähnliche Gefühle hatte ich dann, als ich in den Verein kam, und diese Gefühle wiederholten sich mit jeder neuen Altersklasse. Vielleicht war es Zufall, vielleicht war es auch eine Art Reflex, denn ich habe für mich gelernt: Je größer meine Sicherheit, desto weniger braucht es an Überwindung.

In der Schule fiel mir das immer etwas schwer, im Verein konnte ich es besser umsetzen. Ich bringe ein gewisses Talent für den Fußball mit, aber in meinem Umfeld gab es immer wieder sehr viel begabtere Spieler. Für mich heißt das: mehr Training, mehr Anstrengung und mehr Ausdauer. Dann und erst dann fühle ich mich sicher, und der Grad an Überwindung sinkt. Das ist bis heute eines meiner Patentrezepte.

Ich bin eher ein zurückhaltender Mensch, würde mich selbst als ruhig bezeichnen. In der Fußballwelt möchte man meinen, dass dies vielleicht ein Nachteil ist. Für mich war es immer ein Vorteil, denn dann lässt man auch mal die Meinungen anderer zu und vor allem die der Experten. Und genau die sind es, die mir immer wieder geholfen haben, Komfortzonen zu verlassen. Das sind vor allem unsere Mentalcoaches, unsere Physiotherapeuten und allen voran das Trainerteam.

Vielen fällt es schwer, die Meinung anderer zuzulassen. Experten haben ihre Qualifikation ja nicht im Lotto gewonnen, sondern weil sie lange und hart dafür gearbeitet haben. Ich bin deshalb immer sehr froh, wenn ich davon profitieren kann. Viele Menschen haben Experten in ihrem Umfeld, und darum ist meine Empfehlung: Zuhören und lernen, denn Wissen bringt Sicherheit und Sicherheit bringt die Kraft, Grenzen zu überwinden.

Matthias Ginter ist Fußball-Nationalspieler und steht als Innenverteidiger seit 2017 bei Borussia Mönchengladbach unter Vertrag; zuvor spielte er beim SC Freiburg und bei Borussia Dortmund.

To-do-Liste

Für all diejenigen unter Ihnen, die eine strukturierte Liste benötigen, um ihre Komfortzone endlich zu verlassen, habe ich hier eine To-do-Liste angelegt, die Sie abarbeiten können. Diese dringt quasi chirurgisch in die Details vor und dient als roter Faden von Anfang bis Ende.

- Suchen Sie sich einen guten Hausarzt mit guten Bewertungen und machen Sie einen kompletten Medizincheck. Ganz wichtig: inklusive Hormonanalyse. Auslöser für Motivationsblockaden bzw. Müdigkeit können u. a. folgende Ursachen haben (Schilddrüsenunterfunktion, Mangelernährung, Diabetes, Viruserkrankungen, bakterielle Infektionen, Schlafapnoe, Herzrhythmusstörungen, Aufmerksamkeitsdefizitsyndrom usw.)
- Durchleuchten Sie gemeinsam mit Ihrem Arzt das Ergebnis. Stellen Sie bei allen Abweichungen kritische Fragen.
- Falls es Unstimmigkeiten in Ihrem Befund gibt, arbeiten Sie die Empfehlungen des Arztes ab.
- Erstellen Sie eine Papier- bzw. Excel-Liste oder laden Sie alternativ die kostenlose App »to do« von Microsoft herunter. Notieren Sie alle Tätigkeiten, die Sie Zeit und Nerven kosten.
- Nun fragen Sie sich und Freunde, wie Lösungen jeweils aussehen können.
- Stellen Sie alle Pushnachrichten ab.
- Legen Sie Zeiten am Tag fest, an denen Sie E-Mails und andere Nachrichten beantworten. Zu allen anderen Zeiten stellen Sie die Programme stumm oder aus.

- Arbeiten Sie die To-dos auf Ihrer Liste ab, indem Sie täglich eine Stunde dafür reservieren.
- Notieren Sie alle Fähigkeiten, die Sie besitzen. Was können Sie besonders gut? Welche Talente besitzen Sie, die vielleicht noch nie wirklich zum Einsatz gekommen sind?
- Zu welcher Tageszeit sind Sie am produktivsten? Passt das zu Ihrer Arbeit? Lässt sich das eventuell anpassen?
- Welche kleine Aufgabe können Sie mindestens 14 Tage durchhalten? Bitte erinnern Sie sich noch einmal daran: Diese Aufgabe dient dazu, dass Sie sich selber vertrauen.
- Wenn Sie etwas durchhalten möchten, dann beginnen Sie mit kleinen Veränderungen. Ersetzen Sie etwa die dritte Kaffeepause durch ein Glas Wasser.
- Falls Sie etwas für Ihre Fitness tun wollen, überlegen Sie, welche Sportart Ihnen Freude macht. Tanzen, Tennis, Golfen, Badminton, Mountainbike, Fußball, Basketball?
- Ändern Sie Ihr Mindset: Treppenlaufen ist ab jetzt der Sport, nach dem Ihr Körper sich sehnt. Im Stau stehen ist die Möglichkeit, sich bei Freunden und Geschäftspartnern zu melden oder ein Hörbuch zu genießen.
- Meditieren Sie hin und wieder ein paar Minuten. Es unterbricht das Alltagsrauschen und hilft bei der Fokussierung Ihres Handelns.

Das Unterfangen kann durchaus einige Wochen oder Monate in Anspruch nehmen. Nachdem Sie aufgeräumt haben, erstellen Sie eine Liste von Dingen, die Sie umsetzen oder erleben möchten. Jeder Wunsch muss ausformuliert sein. Wenn Sie eine Weltreise im Sinn haben, dann notieren Sie alle Länder, Städte und Sehenswürdigkeiten, die Ihnen vorschweben. Erkundigen Sie sich, was die Reise kosten würde. Überlegen Sie, in welchem Zeitraum im Jahr das generell möglich ist. Wer wird Sie begleiten? Wie bekommen Sie das nötige Geld zusammen? Wie bei der Reise gehen Sie auch bei allen anderen Punkten vor. Egal ob beim Eigenheim, Traumauto, Fortbildung etc.

Zum Schluss noch der vielleicht wichtigste Hinweis. Egal, mit welcher Methode Sie ans Werk gehen, es gibt nur einen Schlüssel zum Erfolg. Unsere Komfortzone dürfen Sie sich wie ein Haus vorstellen. Sie sitzen darin. Das Haus ist abgeschlossen. Allein um in den Flur zu kommen, brauchen Sie also einen Schlüssel. Dieser Schlüssel öffnet die Eingangstür, also das erste Hindernis auf Ihrem Weg zu mehr Erkenntnis, mehr Erfolg und einen erweiterten Horizont. Wenn Sie diese Tür nicht öffnen können, kommen Sie nirgendwo hin. Bevor Sie sich den Kopf zermartern, wie Sie das Rätsel lösen, möchte ich es Ihnen einfach verraten: Der Schlüssel sind Sie selbst.

Hilfe gefällig?

Vielleicht hat Sie die eine oder andere Idee aus meinem Buch begeistert und bringt den nötigen Schub Ihre Komfortzone zu verlassen. Immer wenn mich selbst ein Buch inspiriert hat, sind leider die Gedanken und Ideen schon nach einigen Wochen verblasst. Ich habe mir dann angewöhnt manche Kapitel wieder und wieder zu lesen, um sie mir ins Gedächtnis zu rufen. Doch das gelingt mir nicht immer.

Falls Sie hin und wieder ein bisschen Unterstützung benötigen, biete ich Ihnen an, Sie mit dem einen oder anderen Gedanken bzw. einer kleinen Geschichte zu erinnern. Sie können sich per Mail unter *www.matthias-blattmann.de* in die Anti-Komfortzonen-Liste eintragen. Dann kommt alle paar Monate eine kurze Mail mit Nachschub.

Danksagung

Ein Buch ist nie das Werk einer einzelnen Person. Ein Autor ist vielleicht am ehesten zu vergleichen mit einem Goldsucher.
Er findet eine spannende Idee (das Goldnugget) und bringt das Ganze zutage. Bis daraus aber ein Schmuckstück wird, braucht es viele helfende Hände. Fürs Ausgraben und einschmelzen darf ich mich ganz herzlich bei meinen Freunden und Geschäftspartnern Nils Cordell und Johnny Schmidt-Brinkmann bedanken, die sich viel Zeit genommen haben, um Ideen beizusteuern, Sätze zu verbessern und Ansichten zu diskutieren. Für das Kommentieren des ersten Manuskripts gilt mein Dank Franziska Ruf, Sinan Yesilgül, Fiona Sebald und Janina Pieldner. Grafische Entwürfe, Bilder und Ideen haben Angie Rappe, Usha Braun und Valentin Behringer beigesteuert.
Das Gold in Form gegossen haben Verena Metzler in der ersten Korrekturphase und vor allem Dr. German Neundorfer, vom Verlag Herder, der mich nicht nur als Lektor, sondern auch als kluger Ratgeber hervorragend begleitet hat.
Meine Assistentin Janina Artmayer war, wie bei all meinen Unternehmungen für die vielen Bausteine zuständig, die so ein Projekt mit sich bringt.
Der wichtigste Dank gilt meiner meiner Familie und ganz speziell meiner Frau Silvia, dem eigentlichen Schmuckstück in meinem Leben, die mich seit nunmehr 26 Jahren begleitet, unterstützt, kritisiert, lobt und liebt.

Quellenangaben und Literaturempfehlungen

Julia F. Christensen und Dong-Seon Chang, Tanzen ist die beste Medizin. Warum es uns gesunder, klüger und glücklicher macht. Reinbek 2018

Rolf Dobelli, Die Kunst des digitalen Lebens. Wie Sie auf News verzichten und die Informationsflut meistern. München 2019

Mike Fischer, Erfolg hat, wer Regeln bricht. Wie Leidenschaft zu Spitzenleistung führt. Wien 2014

Daniel Kahneman, Schnelles Denken langsames Denken. München 2016

Heidrun Link, Gehirn an – Stress aus. Fitness für Kopf, Körper und Persönlichkeit. Stuttgart 2020

Maxwell Maltz, Erfolg kommt nicht von ungefähr. Psychokybernetik. München 1990

Peter Wallimann, Weisheiten Wahnsinn. Närrisches, Sinniges, Paradoxes. Elsau 2016